Jonatas Policarpo Américo
Sérgio Henrique Lopes Cabral
Stéfano Frizzo Stefenon

Estudo da Medição de Descargas Parciais em Transformadores de Potência

AF569051

Jonatas Policarpo Américo
Sérgio Henrique Lopes Cabral
Stéfano Frizzo Stefenon

Estudo da Medição de Descargas Parciais em Transformadores de Potência

ScienciaScripts

Imprint

Any brand names and product names mentioned in this book are subject to trademark, brand or patent protection and are trademarks or registered trademarks of their respective holders. The use of brand names, product names, common names, trade names, product descriptions etc. even without a particular marking in this work is in no way to be construed to mean that such names may be regarded as unrestricted in respect of trademark and brand protection legislation and could thus be used by anyone.

Cover image: www.ingimage.com

This book is a translation from the original published under ISBN 978-3-330-33094-8.

Publisher:
Sciencia Scripts
is a trademark of
Dodo Books Indian Ocean Ltd. and OmniScriptum S.R.L publishing group

120 High Road, East Finchley, London, N2 9ED, United Kingdom
Str. Armeneasca 28/1, office 1, Chisinau MD-2012, Republic of Moldova, Europe
Printed at: see last page
ISBN: 978-620-8-03435-1

Copyright © Jonatas Policarpo Américo, Sérgio Henrique Lopes Cabral, Stéfano Frizzo Stefenon
Copyright © 2024 Dodo Books Indian Ocean Ltd. and OmniScriptum S.R.L publishing group

SAIR

Gostaria de agradecer a todos aqueles que, de uma forma ou de outra, me ajudaram ao longo deste longo caminho e contribuíram para a minha formação, não só académica, mas também pessoal. Em particular, à minha família, que me apoiou dando-me força para ultrapassar os obstáculos, para seguir sempre em frente e nunca desistir dos meus objectivos.

Juliana, pela sua orientação e apoio.

Sérgio Henrique Lopes Cabral, diretor deste estudo, pelas inúmeras horas que me dedicou como orientador e pelos inestimáveis conhecimentos que me transmitiu.

Ao laboratório de alta tensão da FURB pela ajuda na realização das experiências.

À CAPES pelo apoio financeiro durante esta viagem.

RESUMO

A descarga parcial significativa (DP) é um dos principais factores que podem levar à falha dieléctrica de um transformador de potência ou de um transformador de instrumentos de alta tensão, com cortes de energia desagradáveis e perdas financeiras para a empresa de serviços, daí a importância da prevenção da DP neste caso. No caso dos transformadores de potência, desde o seu projeto, passando pela sua construção e monitorização ao longo da sua vida útil. Assim, esta tese tem como objetivo mostrar uma visão geral do cenário em que se encontram as atuais tecnologias de medição de DP em transformadores de potência e medição em alta tensão, no Brasil. O ponto de partida é a apresentação dos princípios físicos da formação da DP, seguida da apresentação do estado da arte da medição de DP em transformadores a óleo, com foco nas técnicas mais utilizadas, com suas respectivas vantagens e desvantagens, e da análise de alguns dos principais tipos de dispositivos existentes no mercado. Em particular, analisa os circuitos típicos de medição de DP propostos nas normas actuais para a deteção de DP em instalações de alta tensão. Numerosas técnicas são citadas ao longo do livro, que passa das técnicas de medição propriamente ditas.

Tratando-se de um tema muito vasto, este trabalho centra-se na medição pelo método elétrico, por ser o mais utilizado. No entanto, são também apresentadas outras técnicas, como a acústica, a cromatografia e outras, uma vez que um diagnóstico preciso da deterioração dos isolamentos em instalações de alta tensão requer um conjunto de diferentes técnicas de análise, já que, em geral, uma técnica só fornece um diagnóstico preciso se for apoiada por outra.

Deve ficar claro que a escolha do transformador de potência se deve ao facto de se tratar de um dispositivo de elevado valor acrescentado. Assim, a análise do DP é eminentemente centrada no fluido isolante. Neste caso, o óleo mineral do transformador de potência.

Palavras chave: isolamento elétrico, alta tensão, descarga parcial, transformador de potência.

1 INTRODUÇÃO

A energia eléctrica é essencial para todas as actividades humanas modernas. As falhas ou anomalias no fornecimento são sinónimo de problemas em termos de economia e de segurança, daí as exigências específicas em termos de qualidade da energia para os distribuidores de eletricidade, de continuidade do fornecimento e de disponibilidade dos equipamentos para responder às necessidades do sistema elétrico. Isto aplica-se tanto ao funcionamento normal como às situações de emergência. Os parâmetros de qualidade e de continuidade operacional são definidos pelas autoridades reguladoras nacionais do sector da eletricidade, a fim de garantir a integridade do sistema e de prever sanções em caso de interrupção ou de má qualidade do fornecimento deste serviço. Estes aspectos, ligados ao aumento das exigências, à falta de espaço, à economia de equipamentos e às classes de tensão cada vez mais elevadas, influenciaram decisivamente a procura de estudos metodológicos destinados a obter informações precisas sobre os tipos de falhas de equipamentos, as suas causas e as medidas preventivas que podem ser tomadas para minimizar eventuais incidentes futuros de natureza semelhante.

Neste contexto, o transformador de potência é um equipamento essencial para a transmissão e distribuição de energia eléctrica, amplamente utilizado em centrais eléctricas, postos de transformação e na indústria. A sua função é garantir uma tensão adequada com perdas quase nulas, permitindo assim a ligação entre os centros produtores e os consumidores de energia eléctrica, tornando-se um elo essencial do sistema elétrico do país. Uma falha inesperada deste equipamento é inaceitável, pois conduziria a uma interrupção inaceitável do fornecimento de energia eléctrica.

Em geral, os transformadores de potência são transformadores cheios de óleo, sendo o sistema de isolamento constituído por um isolamento sólido e pelo próprio óleo, geralmente celulósico (papel, madeira). O isolamento do transformador está sujeito, especialmente durante o funcionamento, a tensões eléctricas e electrodinâmicas que provocam a sua decomposição. Uma vez que o sistema de isolamento do transformador é feito de materiais orgânicos, está sujeito a um processo de degradação durante a sua vida útil, principalmente devido à combinação de temperatura, humidade e oxigénio. Entre os materiais orgânicos de isolamento, o papel pode degradar-se mais rapidamente se for exposto a variações excessivas de temperatura. Este é particularmente o caso quando é utilizado em instalações não seladas onde o oxigénio está presente no interior [1]. Combinado com a circulação do óleo, o aumento da temperatura do enrolamento e a diferença de condutividade eléctrica entre o isolante líquido e o sólido, este processo de degradação do isolamento conduz a um movimento de cargas espaciais ou de electrões livres em torno das bolhas dissolvidas no óleo isolante [2]. Dadas as tensões provocadas pelo campo elétrico no transformador, este processo é determinante para a formação de descargas parciais (designadas simplesmente por TE no texto que se segue), que constituem um dos principais factores susceptíveis de provocar uma falha eléctrica no dispositivo.

Por definição, a TE é a sequência de descargas eléctricas incompletas, rápidas e intermitentes que ocorrem num meio gasoso em série com um isolante sólido ou líquido[3]. A sua ocorrência tem sido analisada com particular atenção, nomeadamente como parâmetro de avaliação da qualidade e desempenho das instalações eléctricas de alta tensão. As ET são um elemento importante no estudo e avaliação dos mecanismos físicos e químicos dos materiais isolantes, uma vez que o seu aparecimento conduz a uma redução da distância ativa de isolamento e, consequentemente, a uma redução da vida útil do isolamento. Os TEs podem aparecer em cavidades gasosas, isolantes gasosos, líquidos e sólidos, e nas superfícies e saliências de materiais sólidos. O seu aparecimento tem efeitos eléctricos e físicos específicos que os caracterizam e permitem a sua deteção por medição. [4].

As técnicas de deteção e de medição partem da deteção destes efeitos para identificar a descarga em questão. Estes métodos podem ser divididos em dois grupos: métodos eléctricos e métodos não eléctricos. Os métodos eléctricos consistem em inserir um circuito de medição e de deteção no circuito elétrico em que ocorrem as descargas. Os métodos não eléctricos, por outro lado, servem geralmente apenas de apoio aos métodos eléctricos. Regra geral, as medições das descargas são efectuadas mesmo que não sejam prescritas pelas normas, uma vez que permitem detetar eventuais defeitos no processo de fabrico. No entanto, estas medições têm de ser efectuadas num ambiente isento de interferências electromagnéticas, o que nem sempre é o caso, pois mesmo em ambientes laboratoriais existem ruídos de interferência de vários tipos.

Há um longo caminho a percorrer entre a deteção da existência de DP a um nível inaceitável para o equipamento e a localização exacta. A deteção de DP através de métodos eléctricos é mais eficaz. No entanto, não é possível determinar a localização exacta. Para este efeito, são utilizados métodos não eléctricos. Por exemplo, as medições acústicas que, recorrendo a sensores piezoeléctricos dispersos ao longo do transformador, permitem a triangulação tridimensional das ondas acústicas geradas pelas micro-explosões de energia mecânica dos TEs. [5]. Uma vez determinada a localização dos TEs, o projetista pode utilizar esta informação para modificar a geometria ou reforçar o isolamento nesse ponto, a fim de reduzir as tensões e, consequentemente, prolongar a vida útil do produto [6]. Além disso, podem ser tomadas medidas preventivas futuras para evitar este tipo de incidente.

Um transformador nunca está imune à ocorrência de ET, mesmo que tenha sido projetado e fabricado com os mais elevados padrões de qualidade, pois é impossível construí-lo sem imperfeições no sistema de isolamento, por mais pequenas que sejam. Devido à necessidade de cumprir as exigências da Entidade Reguladora da Eletricidade, as empresas comercializadoras de energia têm investido em sistemas de monitorização baseados na análise de ET em transformadores de potência. Esta é uma forma eficaz de manter a integridade do sistema de isolamento, uma vez que um aumento significativo do nível de TE dá sinais precoces de que algo de anormal está a acontecer no interior do transformador e que, por isso, deve ser analisado.

Neste trabalho, serão analisadas as configurações dos circuitos mais utilizados na medição de TE e mostrados os cuidados que devem ser tomados para garantir uma correta medição e descrição das técnicas de processamento de sinal na presença de ruído. Um estudo fundamental dos mecanismos de ocorrência de TE em sistemas de isolamento é tratado como referência. Foi dada ênfase ao transformador de potência, uma vez que este pode "suportar" potências e tensões mais elevadas, razão pela qual não foram considerados os transformadores secos de menor potência e tensão.

2 TESTE DE TEORIA

2.1 HISTÓRIA DOS TRANSFORMADORES

A revolução tecnológica que marcou a civilização no final do século XIX deveu-se a avanços fundamentais nas comunicações, nos transportes e na eletricidade. A invenção que assegurou a ubiquidade da energia eléctrica é pouco notada por aqueles cuja vida é tocada por ela. Há um dispositivo que não se move, que é quase totalmente silencioso e que está geralmente escondido em cofres subterrâneos ou atrás de ecrãs. É o transformador, um dispositivo engenhoso desenvolvido no final do século XIX.

O transformador é um componente essencial dos sistemas modernos de energia eléctrica. Em termos simples, pode converter energia eléctrica de baixa corrente para alta tensão ou de alta corrente para baixa tensão com baixas perdas. Esta conversão é importante porque a energia eléctrica é transmitida de forma mais eficiente a alta tensão, mas é produzida e utilizada a baixa tensão. Sem transformadores, as distâncias entre produtores e consumidores teriam de ser reduzidas ao mínimo, e muitos lares e empresas necessitariam das suas próprias centrais eléctricas. A eletricidade seria, portanto, uma forma de energia menos prática. Os transformadores não desempenham apenas um papel nas redes eléctricas, são também um componente essencial dos aparelhos que funcionam com eletricidade. Na sua multiplicidade de aplicações, o transformador pode variar desde o mais pequeno, do tamanho de uma ervilha, até aos gigantes que pesam 500 toneladas ou mais. Michael Faraday descobriu o funcionamento fundamental do transformador durante a sua investigação pioneira sobre a eletricidade em 1831[7].

Cerca de cinquenta anos mais tarde, a introdução de um transformador prático, contendo todos os elementos essenciais dos instrumentos modernos, revolucionou o sector da iluminação eléctrica, em rápida expansão. Na viragem do século, os sistemas de corrente alternada tinham-se generalizado e o transformador desempenhou um papel fundamental na transmissão e distribuição de energia eléctrica. Mas a história do transformador não terminou em 1900. Os transformadores actuais podem suportar 500 vezes mais potência e 15 vezes mais tensão do que os seus antecessores, o seu peso por unidade de potência foi dividido por 10 e a sua eficiência é geralmente superior a 99% [7]. Os transformadores de potência podem ser trifásicos ou monofásicos, consoante as necessidades específicas de cada instalação. As figuras **1a** e **b** mostram um transformador trifásico e um transformador monofásico, respetivamente.

a b
Figura 1 - a) Transformador trifásico - b) Transformador monofásico

2.2 DESCARGAS PARCIAIS CONSIDERAÇÕES GERAIS

A TE refere-se a uma descarga eléctrica que ocorre apenas numa parte de um material dielétrico entre dois eléctrodos e não completa um circuito elétrico[8]. As descargas parciais podem ocorrer em cavidades gasosas, isolantes gasosos, líquidos e sólidos, e em superfícies e saliências de materiais sólidos. Apresentam-se como uma sucessão de descargas eléctricas incompletas, rápidas e intermitentes que ocorrem num meio gasoso em série com um isolante sólido ou líquido[3][9]. As ET têm merecido particular atenção, principalmente como parâmetro de avaliação da qualidade e do estado atual do isolamento em instalações eléctricas de alta tensão. Consequentemente, a ocorrência de TE é um elemento de considerável importância para a investigação e avaliação relacionadas com os mecanismos físicos e químicos dos materiais isolantes[4]. Devido às dificuldades em detetar e medir com precisão a ET em determinadas instalações eléctricas de alta tensão, nos últimos anos têm sido desenvolvidos vários estudos, investigações e instrumentos de medição.

As ET em sistemas de isolamento causam uma grande variedade de efeitos físicos de baixa, média e alta intensidade. Os fenómenos físicos de baixa intensidade incluem a emissão de cargas eléctricas devido a correntes de fuga ao longo de uma superfície isolante, descargas de luz, avalanches de baixa intensidade e outros. Os fenómenos de média intensidade incluem a arborescência e as serpentinas. Os fenómenos de alta intensidade são designados por faíscas ou arcos eléctricos[10].

Muitas destas descargas podem contribuir para a deterioração do sistema de isolamento de um aparelho elétrico, o que pode levar a uma falha eléctrica[10][11]. As descargas parciais só ocorrem quando é aplicado um campo elétrico a um material dielétrico que excede a sua capacidade isolante.

Isto significa que o campo elétrico a que o material é sujeito é superior à sua capacidade de resistência. A tensão inicial à qual ocorrem TEs é definida como a tensão aplicada quando a repetição de TEs começa. Da mesma forma, a tensão na qual as TEs se extinguem é definida como a tensão na qual a repetibilidade das TEs é interrompida[12]. Destas tensões derivam os efeitos dos campos eléctricos no dielétrico, que podem ser definidos como o campo elétrico inicial e o campo de extinção [4]. É de referir que factores ambientais como a temperatura e a humidade podem influenciar as tensões iniciais e de extinção da DP. Na DP, ocorrem avalanches de electrões que dão origem a cargas eléctricas livres que, por sua vez, provocam o aparecimento muito rápido de impulsos de corrente e tensão no sistema de isolamento do dispositivo[11]. A duração de um TE é da ordem dos nanossegundos, o que o caracteriza como de alta frequência. [4][13][14].

Diz-se que as DP são intermitentes. Isto significa que desaparecem rapidamente após o seu aparecimento. Este fenómeno determina o aparecimento de impulsos nos circuitos eléctricos. Em termos de aspeto, as DPs são causadas pela proximidade entre duas partes condutoras num meio isolante, na zona de contacto entre isoladores sólidos e superfícies metálicas sujeitas a uma diferença de potencial. O seu aparecimento é favorecido pela presença de cavidades gasosas nestes materiais. A figura 2 mostra a forma do impulso de um DP típico ao longo do tempo.

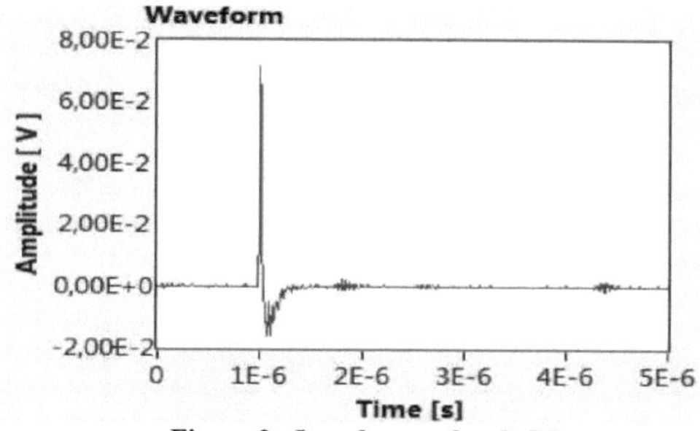

Figura 2 - Impulso regular de DP

2.3 IONIZAÇÃO DE UM MATERIAL ISOLANTE

Para compreender os DPs, precisamos primeiro de saber como os átomos de um material dielétrico são ionizados. O processo de ionização por uma avalanche de cargas obedece às leis de Paschen e Townsed[15][16]. No entanto, na prática, as impurezas e imperfeições do dielétrico distorcem as equações, de modo que a tensão de inserção ocorre a valores inferiores à tensão de pico nominal. Na prática, é necessário estabelecer a relação entre a diferença de potencial entre dois pontos quaisquer e o campo elétrico £", implícito na equação (1)[17], considerando um dielétrico com comportamento linear, um sistema isotrópico e homogéneo.

$$E = -W \tag{1}$$

Assumindo um campo elétrico uniforme, as linhas de campo são paralelas e a diferença de potencial por unidade de comprimento é constante. As linhas equipotenciais, que são ortogonais às linhas de campo, estão portanto uniformemente separadas e quanto maior for a diferença de potencial entre dois pontos consecutivos, mais intenso é o campo elétrico. Quando um campo elétrico é aplicado a um condutor, os electrões das camadas mais externas dos seus átomos são facilmente arrancados e deslocam-se de átomo para átomo. No entanto, os electrões de um material dielétrico estão firmemente ancorados perto da sua posição de equilíbrio e não podem ser facilmente removidos. Consequentemente, quando um campo elétrico é aplicado a um material dielétrico, este fica polarizado e as cargas positivas e negativas deslocam-se para fora das suas posições de equilíbrio, embora neste caso não haja migração de cargas.

Estes processos são ilustrados na Figura 3. Em **a,** na ausência de um campo elétrico, os electrões formam uma nuvem simétrica à volta do núcleo, sendo o centro da nuvem o centro do núcleo. Em **b**, o campo elétrico é aplicado ao material dielétrico, o que tem o efeito de deslocar as cargas, porque os electrões não se podem mover livremente, mas o campo pode polarizar os átomos ou moléculas do material, distorcendo o centro da nuvem de electrões e a posição dos núcleos. O átomo ou a molécula polarizados podem ser representados por um dipolo elétrico composto por uma carga +q no centro do núcleo e uma carga -q no **centro da** nuvem, representada por **c**[18].

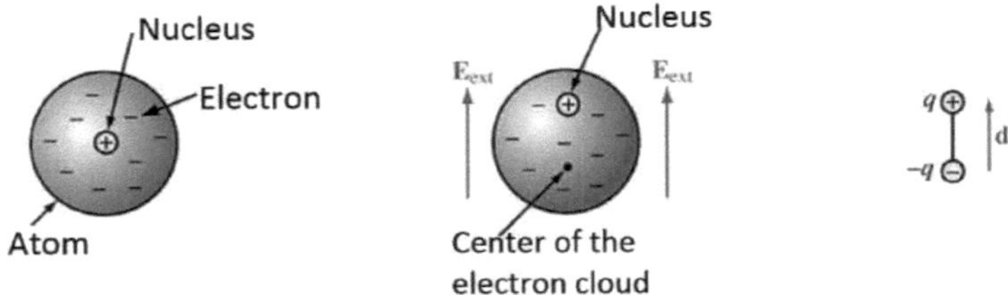

Figure 3 - a) Campo elétrico nulo - b) Aplicação de um campo elétrico - c) Formação de um dipolo [18].

No caso de átomos individuais **sujeitos** a um campo elétrico, o eletrão tem carga negativa e está sujeito a uma força oposta ao campo, enquanto o núcleo, com carga positiva, está sujeito a uma força na mesma direção do campo, como mostra a equação (2).

$$F = qE \tag{2}$$

A figura 4 mostra um átomo de um material dielétrico e o deslocamento do eletrão em relação ao núcleo sob o efeito da indução de um campo elétrico. Quando a diferença de potencial entre os eléctrodos aumenta, o campo elétrico aumenta até um ponto em que as forças externas exercidas sobre o eletrão são maiores do que as forças internas, e o eletrão é atraído para fora da sua órbita. O átomo é então ionizado[3].

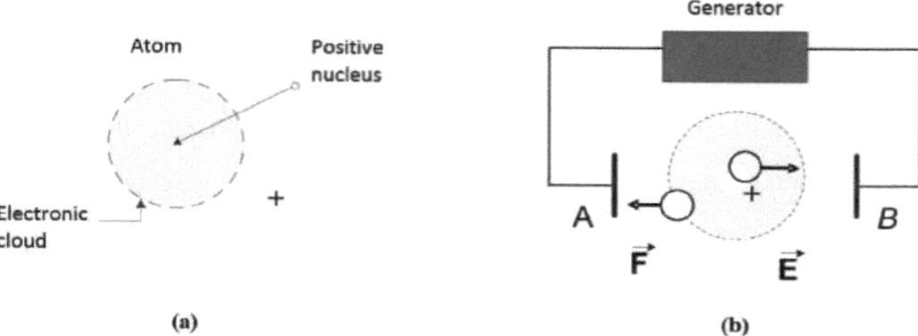

Figure 4 - a) Átomo não polarizado - b) Força exercida sobre o átomo quando *E* é aplicado[3].

No entanto, na prática, a ionização ocorre principalmente através da **colisão de** um eletrão com um átomo ou molécula neutra. Supondo que o eletrão livre é exposto a um **E**, é acelerado e colide com átomos de azoto, oxigénio e outros gases entre as placas. A sua velocidade está diretamente relacionada com a intensidade do campo ***E***. Se este campo não for suficientemente forte, estas colisões são elásticas e não há absorção de energia. Por outro lado, se a intensidade de **E** exceder um valor crítico, os electrões livres neste campo atingem uma velocidade suficiente para colidir com uma molécula de ar de forma inelástica, ou seja, o eletrão tem energia para arrancar outro eletrão e ionizar o átomo. A figura 5 - Sequência de ionização após o processo de avalanche ilustra a sequência de ionização após o processo de avalanche.

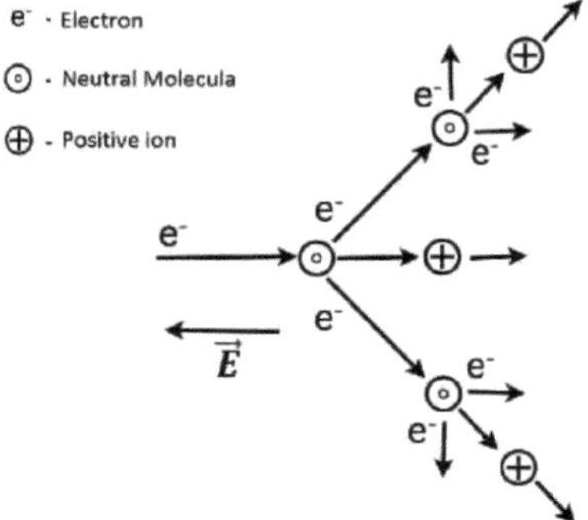

Figura 5 - Sequência de ionização para o processo de avalanche

O eletrão inicial, que perdeu a maior parte da sua velocidade na colisão, é acelerado pelo campo elétrico; na colisão seguinte, forma-se um par de electrões; quando um eletrão incide sobre um átomo neutro, é libertado um eletrão suplementar e fica um ião positivo; cada eletrão é capaz de ionizar uma molécula neutra. Após a **segunda** colisão, há quatro electrões capazes de ionizar outros átomos, e assim por diante, com o **número de** electrões a duplicar em cada colisão. Os iões positivos que restam após este processo deslocam-se em direção ao cátodo. Estes iões movem-se lentamente em função da massa, se esta for muito maior do que a do eletrão [15][16]. Devido à sua carga positiva, os iões atraem os electrões em migração e, quando um eletrão livre pode ser capturado, é criada outra molécula neutra. A energia de uma molécula neutra é menor do que a do seu ião positivo. Quando um eletrão livre é capturado, a molécula emite um quantum de energia. É emitida uma onda electromagnética, e uma parte desta radiação encontra-se na gama visível da luz. É por isso que, em determinadas condições, um observador pode ver esta radiação como uma luz violeta suave, como mostra a figura 5.

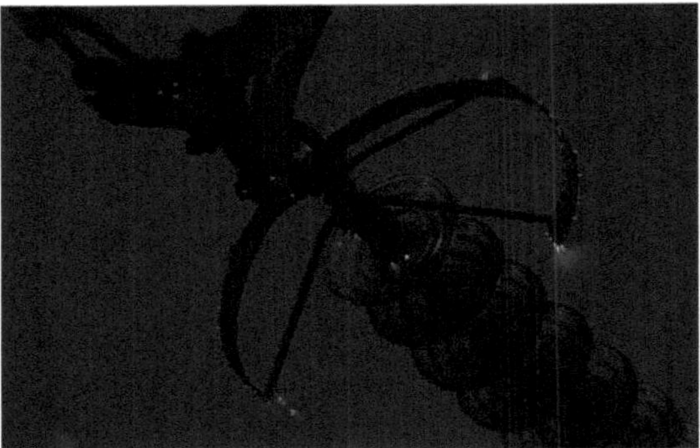

Figura 5 - Descarga de corona em diferentes locais de uma linha aérea de 500 kV

Os electrões e iões positivos produzidos por este processo são suficientes para conduzir uma corrente entre os eléctrodos e absorver uma quantidade considerável de energia da fonte, provocando uma descarga entre os eléctrodos. Quando esta descarga ocorre, é conhecida como rutura dieléctrica. Como esta descarga normalmente não atravessa completamente o material dielétrico entre os eléctrodos, é designada por descarga parcial. [10] A avalanche de electrões, representada na Figura 5 - Sequência de ionização relativa ao processo de avalanche, contém um determinado número de electrões por segundo, que pode variar entre centenas de electrões por segundo e 10 electrões por segundo[15]. [18]Para facilitar a quantificação desta carga, utilizamos a unidade coulomb, que corresponde a uma carga de 6,2 x 10 electrões. No entanto, a intensidade da descarga é extremamente baixa se tentarmos medir a amplitude da tensão gerada por um impulso de descarga. Se a descarga ocorre no ar à volta de um elemento condutor, é conhecida como efeito corona, mas também como "streamer" ou "descarga auto-sustentada". O movimento de electrões para o ânodo A, na figura 4 **a,** e o movimento de iões positivos para o cátodo B, na figura 4 **b**, correspondem a um fluxo de electrões através dos terminais do gerador. Se for instalada uma impedância entre o gerador e os terminais, a diferença de potencial deixa de ser constante e diminui linearmente à medida que a corrente aumenta[16].

2.4 CAMPO ELÉCTRICO E FORMAÇÃO DE DESCARGAS PARCIAIS

O campo elétrico desempenha um papel fundamental na formação de TE, uma vez que influencia diretamente o processo de ionização. As descargas tendem a ocorrer em pontos do material dielétrico onde a intensidade de ***E*** é maior. Este facto torna ainda mais importante o estudo destas circunstâncias e da sua ocorrência. A intensidade do campo elétrico depende essencialmente do valor da tensão, do meio em que está presente e da geometria do elétrodo ou dielétrico em que actua.

Para compreender como o campo muda devido ao ambiente em que se encontra, é necessário compreender as relações de fronteira entre dois dieléctricos diferentes, uma vez que o valor de **E** pode mudar abruptamente, tanto em intensidade como em direção. É efectuada uma análise em duas partes, em que primeiro se considera a relação entre os campos tangentes à fronteira e os campos normais que se seguem. Para as relações de fronteira, a constante dieléctrica ϵ é tida em conta. Uma vez que a permissividade dieléctrica de um material isolante é sempre maior do que a permissividade dieléctrica do vácuo, deve ser utilizada a permissividade dieléctrica relativa do dielétrico. Esta é a razão entre a sua constante dieléctrica e a do vácuo.

$$\varepsilon_r = \frac{\varepsilon}{\varepsilon_0} \quad (3)$$

No :

- r E é a permissividade relativa do dielétrico ;
- É a constante dieléctrica **;**
- 0 e é a permissividade do vácuo.

0Enquanto e E são expressos em farads por metro, a permissividade relativa s_r é um rácio sem dimensão e o seu valor é amplamente utilizado na literatura especializada. A permissividade relativa de alguns meios é apresentada no Quadro 1. rO valor de A **E** para o ar é tão próximo da unidade que, na maioria dos casos, o ar pode ser equiparado ao vácuo [17].

Tabela 1 - Permissividade relativa (£)[17]

Material	Constante dieléctrica *t,* (sem dimensões)
Titanato de bário	1200
Água (mar)	80
Água (destilada)	81
Nylon	8
Papel	7
Vidro	5-10

Mica	6
Porcelana	6
Baquelite	5
Quartzo (fundido)	5
Borracha (dura)	3.1
Madeira	2.5-8.O
Poliestireno	2.55
Polipropileno	2.25
Parafina	2.2
Óleo de petróleo	2.1
Ar (1 atm.)	1

Supondo que dois meios dieléctricos de permeabilidade E1 e E2 estão separados por uma fronteira plana e que ambos os meios são isoladores perfeitos, as componentes tangenciais de £" são idênticas em ambos os lados da fronteira, como se mostra na Figura 6. Isto significa que o campo elétrico tangencial é contínuo ao longo da fronteira.

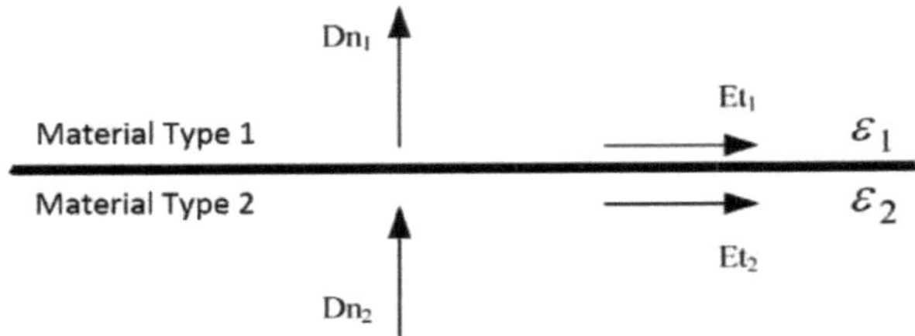

Figura 6 - Interface entre dois meios dieléctricos diferentes

Se assumirmos agora as componentes normais, utilizamos a indução eléctrica **D** expressa pela equação (5), cuja componente normal é contínua na fronteira sem carga entre dois dieléctricos.

$$_{nln2}D = D \quad (4)$$

$$\pounds 1E\ _{"1} = \pounds 2E\ 2n \quad (5)$$

De acordo com a equação (5), os campos eléctricos normais na fronteira são inversamente proporcionais às respectivas permissividades relativas E1 e E2. Se o meio 1 tiver uma permissividade relativa inferior à do meio 2, a componente do campo elétrico normal é maior no meio 1 do que no meio 2. Esta situação pode ocorrer no caso de cavidades de ar em materiais dieléctricos sólidos ou de bolhas de gás em materiais dieléctricos líquidos. ,Como o ar tem uma constante dieléctrica relativa **E** inferior à do material dielétrico, o campo elétrico é mais forte no ar, o que favorece o aparecimento de TE [3].

A geometria dos eléctrodos tem uma influência direta na distribuição do campo elétrico. Quanto menor for a área de superfície do elétrodo, maior será o campo elétrico. Se o elétrodo tiver a forma de uma corcunda, o campo elétrico é elevado. Se o elétrodo for plano, para a mesma tensão aplicada, o campo elétrico é mais fraco. A Figura 8 mostra um exemplo de um elétrodo plano em forma de saliência com um gás como dielétrico [15].

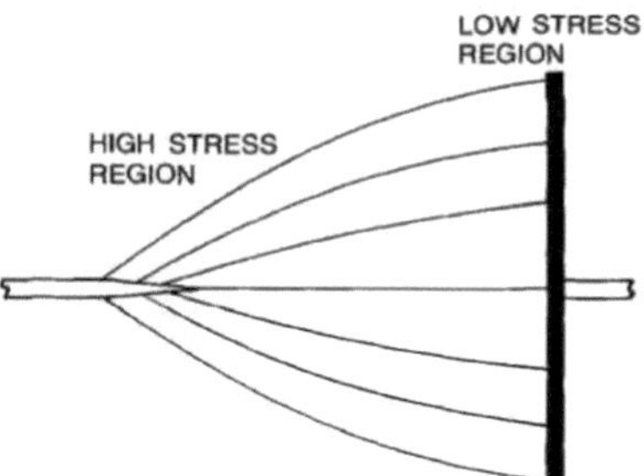

Figura 7 - Eléctrodos do plano superior [15].

Como o campo elétrico é mais forte na parte superior, um eletrão próximo pode ser acelerado até atingir energia cinética suficiente para provocar a ionização. Perto do plano, o campo elétrico é mais fraco e um eletrão não consegue atingir a energia cinética suficiente para provocar a ionização. Como resultado, a descarga é limitada a uma área próxima do ponto. O volume de gás remanescente entre o plano e a descarga tem um campo elétrico menos intenso, o que impede uma descarga completa (avaria).

2.5 CAUSAS E CONSEQUÊNCIAS DO APURAMENTO PARCIAL

Uma das principais causas de TE em isoladores é a presença de bolhas de ar em materiais dieléctricos sólidos e líquidos. Consequentemente, a formação de ET é favorecida por um tratamento e impregnação insuficientes durante o fabrico dos materiais dieléctricos, condutores mal dobrados, corpos estranhos isolantes, calços soltos, rebarbas, má colocação do isolamento, mau dimensionamento do isolamento e da blindagem e campos eléctricos mal distribuídos. Os efeitos da ET nos dieléctricos podem variar entre o meramente indesejável e o totalmente destrutivo. Dependendo da intensidade do campo elétrico, pode ocorrer ionização contínua e provocar uma descarga disruptiva. Os TEs podem produzir luz, ruído audível e ozono. Além disso, podem causar outros efeitos, tais como [9] :

- Aumento da temperatura no material dielétrico ;
- Geração de raios ultravioleta ;
- a produção de agentes oxidantes, como o oxigénio e o ozono;

- Erosão nas cavidades dos materiais dieléctricos devido ao choque mecânico entre os electrões e as moléculas da parede da cavidade;
- Perturbação das comunicações radiofónicas e televisivas ;
- Formação de ácido oxálico em cavidades de polietileno e outros materiais isolantes.

Se o material isolante for líquido, a DP pode gerar gases inflamáveis, como o acetileno e o metano, que reduzem as propriedades dieléctricas e, consequentemente, a vida útil do material. No caso de materiais isolantes sólidos, os danos causados pela DP são mais graves, porque é difícil, se não impossível, substituí-la. A presença de impurezas no isolamento pode levar à erosão contínua ou ao aparecimento de fissuras que podem causar a falha total do isolamento.

O aparecimento de DP é a principal causa de deterioração acelerada do sistema de isolamento. Nos transformadores de potência cujo isolamento é baseado em papel impregnado de óleo, ocorre normalmente a perfuração das camadas de papel, levando à formação de árvores nesta zona e consequente perda de isolamento. Isto pode levar a um sobreaquecimento local e à perfuração completa do dielétrico isolante. A deterioração completa do dielétrico, por sua vez, depende de vários factores, tais como o número de TEs, a frequência de ocorrência, a amplitude, a variação da tensão aplicada, o tamanho da descarga e a composição do dielétrico [19].

2.6 DESCARGAS PARCIAIS EM TRANSFORMADORES

O sistema de isolamento de um transformador de potência cheio de óleo é constituído pelo próprio óleo e pelo isolamento sólido. O isolamento sólido é geralmente feito de papel e madeira, que contêm principalmente celulose. O óleo não só actua como isolamento, mas também contribui ativamente para o arrefecimento através da sua circulação. Esta circulação pode ser natural ou forçada e efectua-se através de canais no interior dos enrolamentos.

O isolamento dos transformadores, especialmente durante o funcionamento, está sujeito a um forte campo elétrico, que conduz à sua degradação. As tensões a que os transformadores estão sujeitos podem ser classificadas em três categorias: eléctricas, térmicas, mecânicas e ambientais. As tensões eléctricas incluem a tensão e a frequência de funcionamento; as tensões térmicas são devidas às correntes eléctricas que circulam nos enrolamentos do transformador; as tensões mecânicas são devidas às vibrações. Finalmente, as tensões ambientais são devidas à poluição e à temperatura ambiente [3]. É de notar que estas tensões podem ocorrer nos transformadores independentemente umas das outras ou em conjunto. A humidade e as impurezas dos materiais ou as imperfeições do processo de fabrico podem provocar a formação de bolhas nos materiais isolantes dos transformadores, reduzindo a sua capacidade isolante. O caso mais óbvio é o do óleo isolante. Ao longo da sua vida útil, o sistema de isolamento do transformador, constituído por materiais orgânicos, está sujeito a um processo de degradação provocado por variações de temperatura, humidade, impurezas de oxigénio, componentes de decomposição do óleo e ainda tensões eléctricas e electrodinâmicas. O papel pode deteriorar-se mais rapidamente do que outros isolantes orgânicos de um transformador quando sujeito a sobrecargas térmicas excessivas, particularmente em equipamentos não selados. Ou seja, onde o oxigénio está presente no seu interior [1].

Para reduzir a ocorrência de ET nos transformadores de potência, é necessário ter especial cuidado com as extremidades de concentração metálica das linhas de campo elétrico e o sistema de isolamento deve ser bem concebido. Além disso, deve ser dada especial atenção ao processo de secagem e impregnação da parte ativa, uma vez que imperfeições nos sistemas de isolamento surgem durante o fabrico dos transformadores e provocam o aparecimento de ET, que normalmente podem ser detectadas durante os ensaios de comissionamento no laboratório da fábrica. Alguns destes defeitos podem ser distinguidos desta forma [2]:

- Cavidades criadas quando o papel isolante que cobre as bobinas é delaminado e não é preenchido durante o processo de vácuo e impregnação de óleo;
- Cavidades nas tomadas ;
- Formação de bolhas por libertação de gás, por descargas e por evaporação de gotículas de água no óleo;
- Partículas metálicas livres suspensas no óleo devido a um defeito no processo de fabrico;
- humidade devida à decomposição durante o processo de secagem, à introdução durante o processo de fabrico ou mesmo à aspiração (no caso de transformadores não estanques);
- Eletrificação estática devido à circulação do óleo, que provoca um aumento da concentração de cargas eléctricas num ponto específico do isolamento, o que pode levar a um aumento do campo elétrico e provocar TE ;
- os traços em isoladores sólidos (contendo celulose), formados pela propagação das descargas (os traços carbonizados podem atuar como meios condutores e, por conseguinte, crescer com o tempo).

Os transformadores nunca estão, portanto, imunes à ocorrência de ET. Mesmo com transformadores concebidos e fabricados segundo os mais elevados padrões de qualidade, é impossível fabricá-los sem imperfeições, por mais pequenas que sejam, no sistema de isolamento.

Um aumento significativo da DP ou da taxa de crescimento pode ser um sinal precoce de que algo irregular está a ocorrer e deve ser investigado. No entanto, como a DP pode levar à falha do transformador, é essencial ter ferramentas para a detetar, localizar e quantificar [20]. A fiabilidade dos equipamentos de alta tensão, incluindo os transformadores de potência, é afetada pela ocorrência de falhas nos seus sistemas de isolamento. É por isso que a identificação e caraterização das avarias nos isoladores eléctricos é um pré-requisito fundamental para uma boa estratégia de manutenção [21].

2.7 DETECÇÃO E MEDIÇÃO DE DESCARGAS PARCIAIS

Os DPs têm várias propriedades que permitem a sua deteção e medição. Podem gerar impulsos de corrente, luminescência, ondas electromagnéticas, ondas acústicas, consumo de energia, variações térmicas, variações químicas e vibrações mecânicas [3] [9]. As técnicas de deteção e medição começam por identificar estes eventos para reconhecer a descarga em questão. Em termos gerais, as técnicas de deteção e medição podem ser divididas em dois grupos: eléctricas e não eléctricas. No caso dos métodos eléctricos, o circuito de medição e de deteção é inserido no circuito elétrico em que ocorrem as descargas. Os métodos não eléctricos, por outro lado, apoiam os métodos eléctricos. Nos próximos parágrafos, serão brevemente analisados alguns métodos de deteção não eléctricos, antes de se passar ao método elétrico, que é o foco deste trabalho.

2.7.1 Método acústico

A medição acústica da DE baseia-se no ruído audível ou ultrassónico gerado pela DE, ou seja, o ruído que se propaga no ar ou nos materiais próximos da fonte de descarga. Esta técnica implica a utilização de sensores ou transdutores piezoeléctricos que podem ser colocados no interior ou no exterior do dispositivo. De preferência em ambientes de baixo ruído. Existe uma importante interdependência entre a propagação de ondas sonoras e um processo de falha em dieléctricos. Ambos necessitam de um agente para ocorrer, ou seja, sem a existência de moléculas, os processos mencionados não podem ter lugar. Um processo de falha necessita, portanto, de um meio de propagação [22].

O estudo da propagação de ondas acústicas em materiais dieléctricos oferece um meio não destrutivo de observar as propriedades destes materiais. Quando esta análise é efectuada através da técnica acústica, é possível detetar pequenos defeitos em meios isolantes utilizando o ruído gerado pela formação de TE. Para a deteção de TEs pelo método acústico, é necessário ter em conta alguns parâmetros. Estes incluem a impedância acústica caraterística, a velocidade de propagação da onda no meio considerado e a absorção sofrida pela onda acústica durante a sua propagação [22].

A velocidade do sinal acústico não é constante durante a propagação porque o impulso da onda acústica é atenuado e distorcido durante a propagação. Como resultado, o espetro de frequência detectado pelo sensor de emissão acústica (EA) não corresponde ao espetro de frequência real da fonte do impulso acústico [23]. O sinal acústico gerado por um TE num transformador imerso em óleo deve-se principalmente às serpentinas que se formam nas cavidades cheias de gás e que se expandem sob o efeito do calor, provocando micro-explosões de energia mecânica que se propagam como ondas de pressão através do óleo do transformador. Este fenómeno é comparável ao aparecimento de um trovão após uma descarga atmosférica [5].

A atividade do TE no interior do transformador gera ondas sonoras que se propagam em diferentes direcções até poderem ser detectadas por sensores piezoeléctricos colocados na superfície exterior do tanque principal do transformador. Para localizar a fonte dos sinais acústicos, assume-se geralmente que a onda acústica se propaga em linha reta. No entanto, tal não acontece no interior dos transformadores devido às reflexões e refracções das ondas acústicas nos diferentes materiais. Se, por exemplo, existir um obstáculo no trajeto da onda, o tempo de propagação desde a fonte até ao local onde está instalado o sensor é maior. Por outro lado, a onda pode também propagar-se através de um obstáculo a uma velocidade superior à do óleo. Neste caso, o tempo necessário para chegar ao sensor é mais curto, o que faz com que seja registada uma distância inferior à distância real. Para evitar estes erros, devido à complexidade da propagação das ondas acústicas no interior dos transformadores, é necessário instalar vários sensores e encontrar a posição mais adequada para cada um deles. Ao instalar vários sensores acústicos no tanque do transformador, é possível calcular as diferenças de tempos de deteção entre eles e assim localizar a fonte de DP [24]. Esta análise dos tempos de percurso das ondas acústicas não é, no entanto, tão simples, pois é necessário um melhor processamento do sinal.

O método utilizado para a localização é o tempo de chegada da onda acústica ao sensor, à semelhança do que acontece na localização sísmica, mas em três dimensões [25]. Assim, as medições efectuadas pelo método acústico têm como objetivo a localização das actividades de ET que possam ocorrer no sistema de isolamento interno do transformador, através da medição dos sinais acústicos emitidos pelas ET em três dimensões. A figura 9 ilustra a localização da fonte de TE pelo método acústico, sendo que as posições XYZ representam as dimensões do transformador e os pontos 1 a 14 as posições dos sensores.

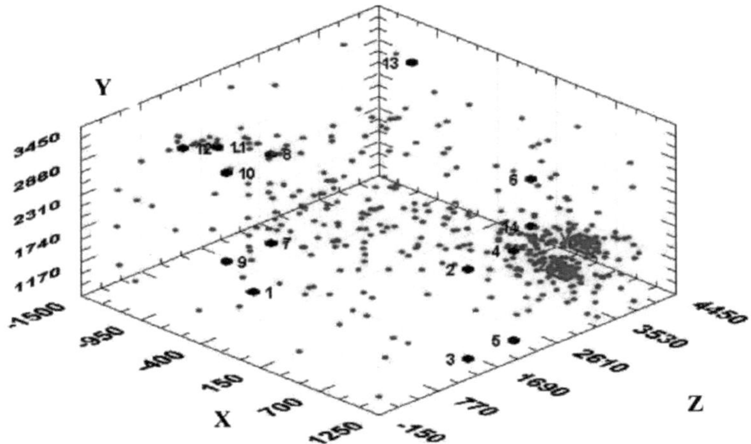

Figura 8 - Localização da fonte de DP utilizando o método acústico [26].

A Figura 10 mostra uma onda típica de sinal acústico no interior de um transformador, registada por sensores localizados no exterior do tanque [24].

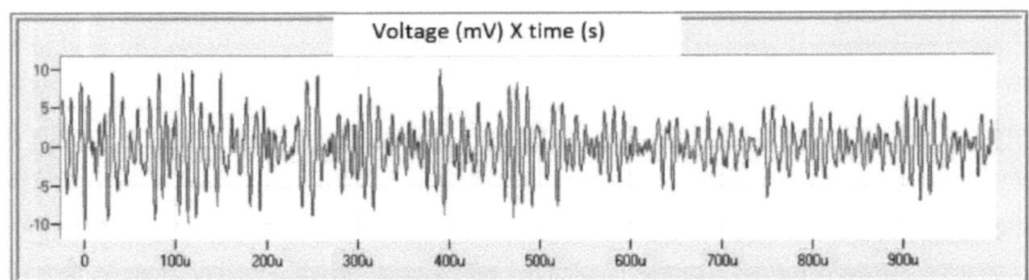

Figura 10 - Forma de onda típica de um sinal acústico num transformador [26].

A deteção de EA no transformador pode ser efectuada de duas formas. A primeira possibilidade é o sistema acústico composto, que utiliza simultaneamente medições acústicas e deteção de sinais eléctricos dos TEs. A diferença de velocidade e tempo entre os dois sinais é então utilizada para calcular a distância entre o sensor acústico e a fonte dos TEs [23].

A segunda forma é conhecida como sistema acústico simples e baseia-se no facto de nem sempre ser possível utilizar o sinal elétrico. Por esta razão, são colocados vários sensores acústicos nas superfícies externas dos dispositivos em teste. Comparando as informações dos sensores, é possível calcular a posição do UT. A colocação de sensores no exterior do dispositivo permite o seu reposicionamento, o que pode melhorar a definição e a precisão dos sinais detectados. No entanto, os sensores são mais sensíveis a interferências externas [24].

No sistema acústico composto, a deteção eléctrica confirma que o sinal registado pelo sensor acústico é um DV e não uma fonte de perturbação, o que é uma vantagem. Além disso, o momento em que o sinal elétrico é detectado serve de referência para o sensor acústico. No entanto, esta configuração tem a desvantagem de ser difícil obter um sinal elétrico sem ruído quando o ensaio é realizado no terreno. Esta configuração é mais adequada para ensaios em laboratório, uma vez que os dispositivos de deteção devem ser desenergizados pelo método elétrico, pelo que não é adequada para aplicação em transformadores em serviço, onde a desenergização não é prática.

Devido à sua insensibilidade às interferências electromagnéticas [2] [5], o sistema acústico simples é mais adequado para utilização no local e, por conseguinte, proporciona uma deteção óptima para a monitorização em linha. A imunidade às interferências electromagnéticas não significa, no entanto, imunidade às interferências, uma vez que as vibrações mecânicas no núcleo do transformador são a principal fonte de ruído acústico. No entanto, as frequências destas vibrações são inferiores às geradas pelos TEs, pelo que podem ser separadas durante as medições [3] [5]. Os padrões acústicos gerados pelos componentes do conversor são agora bem conhecidos, tais como a bomba de óleo e o flutter, que podem ser facilmente identificados e separados durante as medições acústicas.

Como resultado, o sistema acústico simples é mais adequado para testar transformadores no terreno. O facto mais importante é que não requer registos de corrente ou tensão, pelo que não há necessidade de desligar o equipamento. No entanto, existem algumas dificuldades com este método, por exemplo [24] [27] :

- As ondas acústicas não se propagam de forma perfeitamente esférica;
- As ondas acústicas são reflectidas várias vezes à medida que se propagam no interior do transformador, resultando em vários caminhos e na atenuação do sinal;
- Interferência de ondas sonoras devido a dispersão e absorção em óleo isolante ;
- A energia gerada por um sinal acústico no interior de um transformador pode ter causas mecânicas ou térmicas. Não se deve necessariamente ao aparecimento de TE.

A propagação da onda sonora através da parede do tanque do transformador apresenta um desafio adicional, pois o sinal sonoro que atinge a parede interna do tanque mantém a sua frequência, embora mude de forma e de velocidade de propagação. Uma forma de distinguir a onda que se propaga através da estrutura da onda que se propaga através do óleo é analisar os modos de vibração da onda sonora. Os líquidos, como o óleo, propagam-se apenas no sentido do comprimento. No entanto, nos sólidos, podem propagar-se diferentes tipos de ondas. As ondas que se propagam no óleo provocam ondas transversais e longitudinais no tanque do transformador. O sensor instalado no tanque detecta, portanto, dois tipos de ondas. Estas distinguem-se porque as ondas transversais têm maior amplitude, enquanto as ondas de pressão são mais rápidas e chegam primeiro ao sensor [24]. Os problemas associados à deteção de ondas sonoras pela disposição arquitetónica do transformador podem ser consideravelmente reduzidos pela instalação de sensores no interior do tanque. °Para calcular a distância entre a fonte de TE e o sensor acústico, assume-se geralmente que a velocidade de propagação acústica no óleo é de 1413 m/s a 20 C [19].

Normalmente, a velocidade do sinal acústico no óleo não é corrigida para variações de humidade e temperatura, uma vez que as incertezas de propagação são mais representativas. No entanto, a título ilustrativo, a Figura 9 apresenta valores aproximados para a velocidade do som no óleo a diferentes temperaturas [24].

Temperatura do óleo (°C)	Velocidade (m/s)
50	1300
80	1200
110	1100

Figura 9 - Relação entre a temperatura do óleo e a velocidade de propagação [24].

À medida que a temperatura do óleo aumenta, a velocidade de propagação das ondas sonoras diminui. Isto é importante para monitorizar a ET em transformadores em funcionamento, uma vez que a temperatura do óleo varia com a carga necessária. A velocidade de propagação varia se outros materiais estiverem no caminho da onda e também pode ser modificada pelas propriedades do óleo [24]. No caso do óleo mineral, assume-se que as perturbações externas detectadas pelo sensor são praticamente negligenciáveis. A gama de frequências das TEs depende do tipo de descarga; para as TEs que emanam de bolhas de gás, o espetro de frequências estende-se de 300 kHz a 2 MHz. Num sistema Tip-Plane, o espetro diminui e não se estende muito para além dos 300 kHz [5].

2.7.2 Método ótico ou visual

As DPs podem ser observadas visualmente num ambiente escuro, uma vez que os olhos se tenham habituado à escuridão; se necessário, o observador pode utilizar binóculos com uma grande abertura. Em alternativa, podem ser tiradas fotografias, mas estas requerem geralmente tempos de exposição consideráveis. Em casos especiais, são por vezes utilizados fotomultiplicadores ou intensificadores de imagem [28]. No entanto, este método não é geralmente aplicável a transformadores com isolamento de óleo, uma vez que a maior parte das TE ocorre no interior do transformador. Uma exceção são as descargas de corona, que podem ocorrer, por exemplo, nos casquilhos do transformador.

2.7.3 Método químico

O método químico baseia-se na análise dos gases dissolvidos (DGA) no óleo isolante por cromatografia. A degradação do isolamento dos transformadores imersos em óleo isolante pode provocar arcos eléctricos ou descargas parciais, que geram gases à medida que o isolamento se decompõe. A presença de gases inflamáveis dissolvidos no óleo isolante de transformadores foi relatada em 1919 no The Electrical Journal, onde se verificou que a passagem de uma corrente eléctrica através do óleo levava à formação de hidrocarbonetos e que a decomposição das moléculas de óleo sob o efeito de altas temperaturas levava à formação de gases.

Com o desenvolvimento da cromatografia gasosa em 1952, foi possível separar os gases que se formaram no óleo como resultado da descarga eléctrica. Em 1960, a técnica cromatográfica foi utilizada pela primeira vez para identificar os gases produzidos por perturbações eléctricas em transformadores imersos em óleo isolante [26].

Os gases formados durante a decomposição do isolamento do transformador são total ou parcialmente dissolvidos no óleo e, após um certo tempo de homogeneização, estão presentes onde quer que o isolamento esteja localizado [29]. Os principais gases formados quando o isolamento do transformador é decomposto por arco, DP ou aquecimento são o hidrogénio (H_2), o metano (CH_4), o etano (C_2H_6), o etileno (C_2H_4) e o acetileno (C_2H_2). Outros gases, nomeadamente o monóxido de carbono (CO) e o dióxido de carbono (CO_2), podem também ser produzidos durante a decomposição de materiais celulósicos [30]. Nesta base, foram desenvolvidos vários métodos de análise para determinar a ocorrência de TE, sobreaquecimento e outras falhas em transformadores isolados a óleo.

No entanto, o método DGA em óleo isolante não é muito sensível para a deteção de TE [28]. Além disso, o DGA requer uma concentração de gás suficiente para uma identificação correta, o que pode não ser uma ferramenta útil para fontes iniciais de TE [31]. Há situações em que os métodos de diagnóstico baseados nos resultados da DGA não são uniformes, o que por vezes leva a um desenvolvimento complexo de diagnósticos conclusivos e provoca imprecisões na análise [31]. Conclui-se então que, embora a DGA seja um método amplamente utilizado pelas empresas do setor elétrico brasileiro, há situações em que não é possível decidir com certeza se um transformador deve ser retirado de serviço.

2.7.4 Procedimento UHF

O método de frequência ultra-alta (UHF) é utilizado para detetar ondas electromagnéticas acima de centenas de MHz emitidas por PDs. Muitos investigadores estudaram este método para a deteção de DPs no gás SF6. Este método caracteriza-se por uma elevada sensibilidade às DP [32] e foi utilizado com êxito para monitorizar as DP numa subestação eléctrica isolada a gás (GIS). Não só os GIS, mas também os transformadores são um alvo potencial para este método [33].

Para localizar os TEs nos transformadores, é necessário determinar três coordenadas espaciais desconhecidas. Consequentemente, são geralmente necessários quatro sensores, distribuídos à volta do reservatório. Um sensor fornece uma referência temporal, enquanto os outros três fornecem variáveis independentes para o algoritmo de localização de TEs com base na diferença dos tempos de chegada das ondas electromagnéticas.

A triangulação tradicional não é adequada quando o dispositivo em estudo contém uma quantidade relativamente grande de metal interno, como é o caso do transformador, através do qual as ondas electromagnéticas (sinais UHF) não podem passar. Neste caso, foi adoptada uma abordagem alternativa, em que a estrutura básica do transformador (incluindo o núcleo e os enrolamentos) é pré-tratada, tendo em conta os efeitos de propagação e as variações de velocidade do sinal. Nesta análise, a quantidade de diferenças temporais obtidas pode ser relacionada com a quantidade de pontos (localizações dos sensores) no tanque do transformador, procurando obter resultados dentro de uma determinada tolerância temporal [34] [35].

A figura 11 mostra uma configuração de medição típica para a localização de DP através de UHF. Os sensores são ligados a um analisador de espetro e a um osciloscópio através de um pré-amplificador e de um multiplexador. Os dados são monitorizados e registados através de um computador [36].

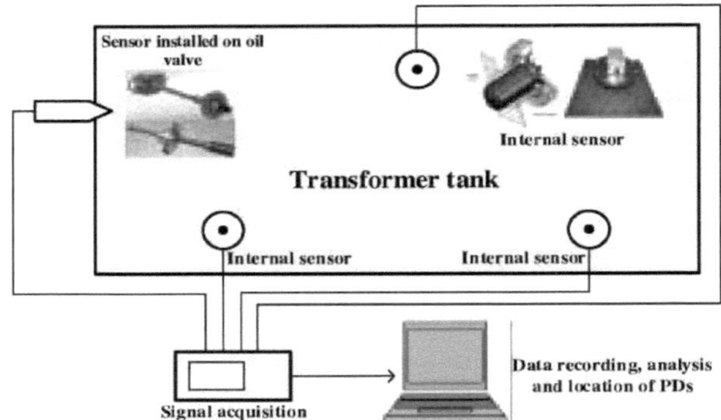

Figura 11 - Configuração típica de medição para localização de PD via UHF [34].

2.7.5 Método RIV

O ensaio de tensão de interferência radioeléctrica (RIV) baseia-se no facto de os DP gerarem ondas electromagnéticas sob a forma de perturbações estáticas [3]. O recetor é calibrado em microvolts para medir o valor do sinal detectado. Este método não permite localizar fisicamente o local onde aparecem as TE, mas sim determinar o seu grau de aparecimento. A medição RIV é utilizada tanto em instalações de alta tensão como em linhas de transmissão, onde as perturbações de alta frequência geradas pelas descargas são detectadas por uma antena. No caso dos equipamentos, os sinais de descarga são detectados por uma resistência.

2.7.6 Método elétrico

Neste método, o contador de descargas faz parte do circuito de medição eléctrica. Normalmente, as descargas são medidas em pico-coulombs (pC). Para a medição, pode ser utilizada uma impedância de medição RLC (resistiva, indutiva e capacitiva) ou RC (resistiva e **capacitiva**), sendo a impedância de medição RLC adequada para uma gama de frequências estreita e a impedância de medição RC para uma gama de frequências ampla. O método elétrico é, sem dúvida, o mais utilizado para quantificar a ET. A norma IEC 60270 [12] descreve este método e oferece alternativas aos circuitos de ensaio. Em princípio, os circuitos baseiam-se na deteção de uma queda de tensão através de uma impedância conhecida, causada por impulsos de corrente no circuito fora da amostra. Esta impedância, denominada z_m (impedância de medição), é constituída por uma resistência de medição, uma indutância de alguns milésimos de Henry e uma capacitância parasita específica do circuito [3]. Os circuitos de medição ilustrados na Figura 12 mostram como a impedância de medição pode ser inserida no circuito de ensaio.

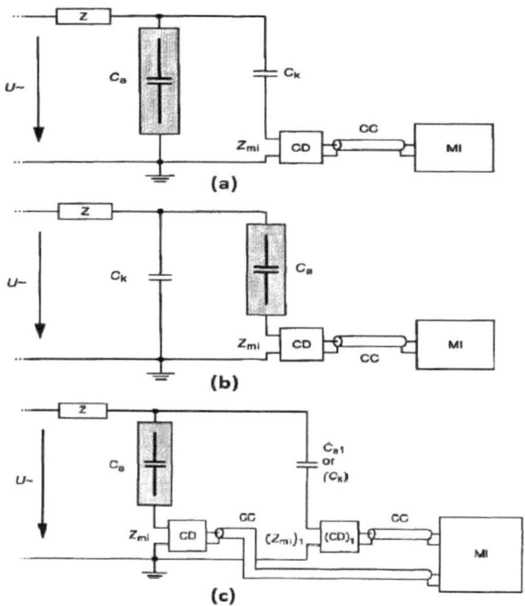

Figura 12 - Circuitos básicos para medição de TE. A) - Impedância de medição em série com o condensador de acoplamento. B) - Impedância de medição em série com o objeto de ensaio. C) - Circuito de ensaio simétrico [12].

akaDe acordo com a figura 12, **U** é a alimentação de alta tensão, z_{mi} a impedância de entrada do sistema de medição, **CC** o cabo de ligação, **C** o dispositivo em ensaio, **C** o condensador de acoplamento ligado em paralelo a **C** (para indicar a dimensão real do PD), **CD** o dispositivo de acoplamento, **MI** o dispositivo de medição e **Z** um filtro.

O circuito apresentado na figura **12a** permite a medição direta e é rápido e fácil de montar. Em geral, este circuito é adequado se o objeto de ensaio tiver uma ligação à terra. O acoplador CD é instalado no terminal de terra do condensador de acoplamento. O objetivo do filtro ou impedância inserido entre o objeto de ensaio e a fonte de alta tensão é atenuar as perturbações emitidas pela fonte. Também aumenta a sensibilidade da medição, porque sem esta impedância, os impulsos TE do objeto de ensaio poderiam passar através da fonte de impedância.

O circuito apresentado na figura 12 b é tão simples como o anterior. A impedância de medição é ligada em série com o terminal de terra do DUT. Este circuito tem uma sensibilidade mais elevada do que o anterior e é adequado quando o lado de baixa tensão do DUT está isolado da referência de terra.

Finalmente, o circuito de medição da figura 12 c consiste num circuito simétrico no qual o dispositivo de teste TE está ligado através de duas impedâncias de medição. mimiNeste circuito, a baixa tensão do dispositivo em ensaio e o condensador de acoplamento são isolados da terra de referência pelas impedâncias de medição **Z** e **(Z)l** . Este circuito tem vantagens sobre os problemas de interferência externa. No entanto, a dificuldade reside na calibração, ajuste e sincronização do equipamento de medição [12].

Das três configurações propostas na norma IEC 60270 [12], o circuito mais frequentemente utilizado é aquele em que a impedância de medição está ligada em série com o condensador de acoplamento (ver Figura **12a**). Nesta configuração, o condensador de acoplamento impede que os componentes de frequência de potência sejam transmitidos à impedância de medição e proporciona um caminho preferencial para os impulsos de corrente correspondentes aos TE.

Quando o dispositivo a ser estudado é um transformador, a medição da DP é dificultada pela complexidade e inacessibilidade dos circuitos internos de alta indutância [3]. Para resolver este problema, o transformador é ligado ao sistema de medição através de uma ponte capacitiva entre os seus casquilhos, como mostra a Figura 13. No entanto, esta ligação só pode ser efectuada com o aparelho desligado, o que dificulta a aplicação deste método quando os transformadores estão em serviço. Por esta razão, este método é geralmente utilizado quando os transformadores são recebidos da fábrica e não é adequado para utilização no local.

Figura 13 - Circuito de medição de DP com derivação capacitiva [12].

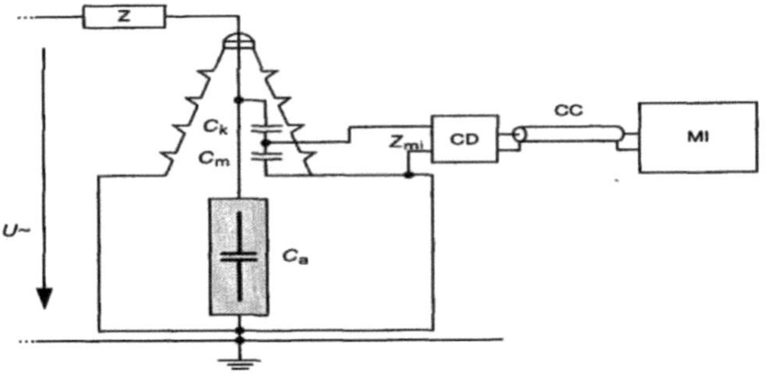

A monitorização em linha de ETs em transformadores é dificultada pelo ruído elevado quando o dispositivo está em carga e pode ser perturbado por outros dispositivos nas proximidades. Para ultrapassar estes inconvenientes, têm sido desenvolvidos cada vez mais estudos de filtros, utilizando as mais recentes tecnologias e técnicas mais avançadas de processamento de sinais, tanto em hardware como em software [3].

A NBR 5356-3 [37] estabelece um valor limite de 300 pC para a formação de TE em transformadores de potência quando energizados a uma tensão de **U2=1,5Um/^3**, onde **Um** é a tensão máxima de operação da instalação e **U2** é a tensão de ensaio. O transformador é considerado aprovado durante o ensaio se não houver descargas cuja intensidade medida ultrapasse o valor limite de 300 pC e se não for observado crescimento significativo de TE durante o ensaio [37]. Na região de Blumenau, são considerados transformadores de potência os equipamentos com tensão superior a 138 kV e potência mínima de 5 MVA.

A deteção e medição da DP através do método elétrico tem, portanto, a vantagem de poder quantificar a intensidade das descargas detectadas. No entanto, tem a desvantagem de não ser capaz de localizar a sua ocorrência. Além disso, a sua elevada sensibilidade ao ruído exterior torna-o um método ideal para instalações onde o ruído ambiente é controlado, como é o caso dos laboratórios. Por conseguinte, não é adequado para utilização em transformadores que operam no terreno [24].

2.7.6.1 Circuito de ensaio básico para descargas parciais

A deteção eléctrica de TE baseia-se na ocorrência de um impulso TE (tensão ou corrente) através de um objeto de ensaio, quer se trate de uma simples amostra de material dielétrico ou de um transformador. Para avaliar as grandezas básicas associadas aos impulsos TE num objeto de ensaio, é utilizado um dispositivo simples com condensadores, como mostra a Figura 14, que compreende um material dielétrico entre dois eléctrodos com uma cavidade cheia de gás. A distribuição do campo elétrico no interior deste objeto é modelada por alguns condensadores. As linhas de campo elétrico no interior da cavidade são representadas por **Cc**, e as duas capacitâncias que iniciam e terminam a cavidade no dielétrico são **C'**$_b$ e **C"**$_b$ [38]. aaaTodas as linhas de campo fora da cavidade são representadas por **C = C' + C"** .

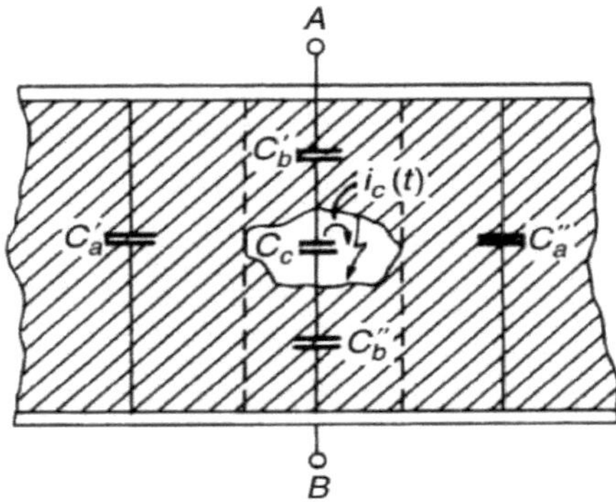

Figura 14 - Representação do sistema de isolamento com vácuo [38].

Esta cavidade torna-se a origem da TE quando a tensão aplicada é elevada, porque o gradiente do campo elétrico na cavidade é reforçado pela diferença entre a permissividade e a forma da cavidade. Se for aplicada uma tensão alternada, a primeira descarga tem lugar na parte crescente da meia onda. É por isso que novas linhas de campo são estabelecidas cada vez que a polaridade da fonte muda, de modo que as descargas são repetidas em cada meia onda, como mostrado na Figura 15 [38].

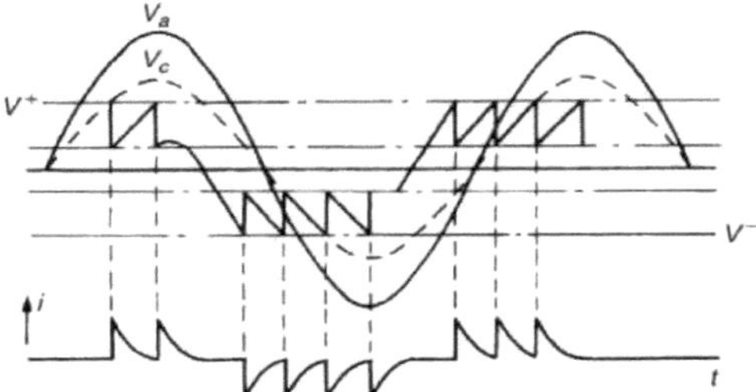

Figura 15 - Sucessão de TEs numa cavidade alimentada com tensão alternada [38].

Por outro lado, se for aplicada uma tensão contínua, ocorrem uma ou mais descargas parciais durante a parte ascendente da tensão. Mas se a tensão se mantiver constante, as descargas cessam desde que as cargas superficiais depositadas nas paredes da cavidade não se recombinem ou se propaguem no dielétrico.

ccEste fenómeno pode ser simulado pelo diagrama equivalente apresentado na Figura 16, em que o interrutor **S** é controlado pela tensão **V** da capacitância da cavidade **C** . cS só está fechado durante um curto período, durante o qual aparece uma corrente **i (t)**, que é geralmente um impulso de corrente com a duração de um nanossegundo [38]. cA resistência **R** simula o tempo durante o qual a descarga se desenvolve e termina.

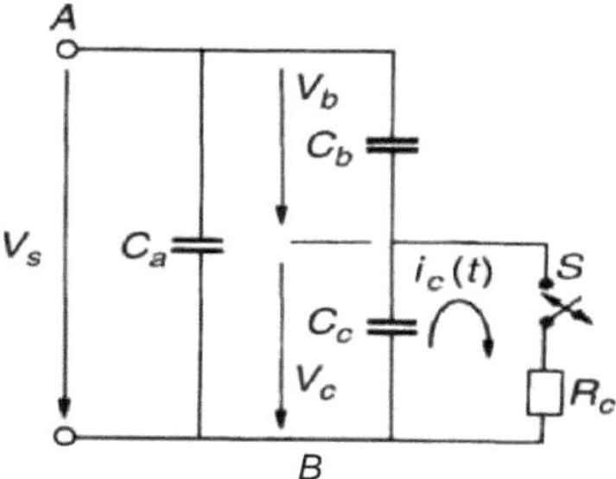

Figura 16 - Simulação da DP num objeto de ensaio - circuito equivalente [38].

accccccAssumindo que a amostra foi carregada com uma tensão **V** e que a fonte de corrente foi desligada, quando o interrutor **S** é fechado e **C** está completamente descarregado, a corrente **i (t)** gera uma carga **8q** = **C 8V** a partir de **C** , uma carga que se perde por todo o sistema, como assumido na simulação. Se compararmos as cargas no interior do sistema antes e depois desta descarga, a queda de tensão através da amostra resulta da equação (6).

$$\delta V_a = \frac{C_b}{C_a + C_b} \delta V_c \tag{6}$$

abaab**8V** é uma quantidade que poderia ser medida, mas é pequena devido ao rácio **C /C** , uma vez que **C " C** [38]. Consequentemente, a deteção direta desta tensão através da medição da tensão de entrada seria uma tarefa difícil. É por isso que os circuitos de medição se baseiam noutra grandeza, que pode ser deduzida do circuito da Figura 17. k ktO DUT mostrado na Figura 14 é então ligado a uma fonte de tensão, geralmente CA, com um condensador de acoplamento **C**, que é um condensador de armazenamento que serve como fonte de tensão estável durante o curto período de DP, e uma impedância **Z** cuja função é "separar" o condensador de acoplamento **C** e o DUT **C** da fonte apenas durante os fenómenos de alta frequência da DP [38].

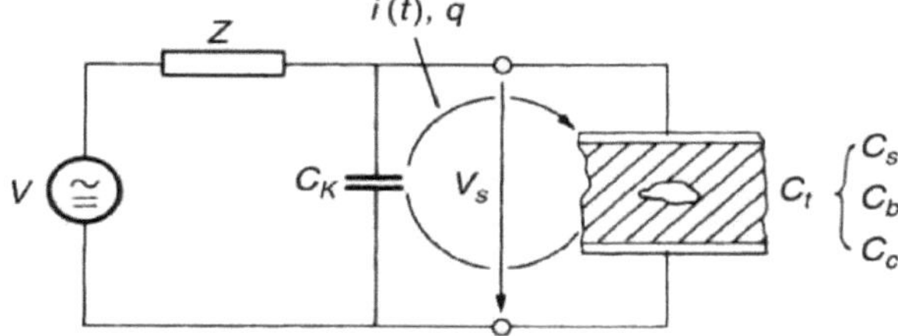

t**Figura 17 - Objeto de teste DP** C **num circuito de teste**

ktatO condensador de acoplamento liberta uma carga de corrente ou "impulso de corrente PD" **i(t)** entre **C** e **C** e tenta compensar a queda de tensão **de 8V** em **C** . ktaSe **C " C , 8V** for totalmente compensado, a transferência de carga causada pelo impulso de corrente **i(t)** é dada por

$$q = \int i(t) = (C_a + C_b)\ \delta V_a \qquad (7)$$

With the equation (6) this charge becomes:

$$q = C_b \delta V_c \qquad (8)$$

Esta é a chamada carga aparente de um impulso TE, que é a mais fundamental de todas as medições TE [38].

2.8 MODELOS PD, CAUSADOS POR VÁRIOS DEFEITOS TÍPICOS

As ET em isolamentos sólidos e líquidos devem ser consideradas nocivas, e o seu grau de nocividade depende do tipo de material utilizado no isolamento. A localização da área de ocorrência da TE é uma tarefa difícil. No entanto, uma vez que o padrão de descarga depende da localização e do tipo de defeito, a análise do padrão de TE aparente permite deduzir a localização da sua ocorrência no isolamento [39].

Os modelos TE apresentados neste tópico são baseados em [40]. O modelo apresentado na Figura 18a é encontrado quando existe uma cavidade num material sólido, como mostra a Figura 18b. Este é tipicamente o caso de materiais de placa sólida e componentes moldados. As descargas ocorrem antes do pico de tensão em ambos os semiciclos, têm o mesmo número e amplitude em ambos os lados da elipse. A **amplitude** pode variar ao longo do tempo, mas, em geral, o momento em que a tensão é aplicada tem pouco efeito sobre o padrão de descarga exibido.Os padrões de PDs apresentados neste tópico foram baseados em [20].

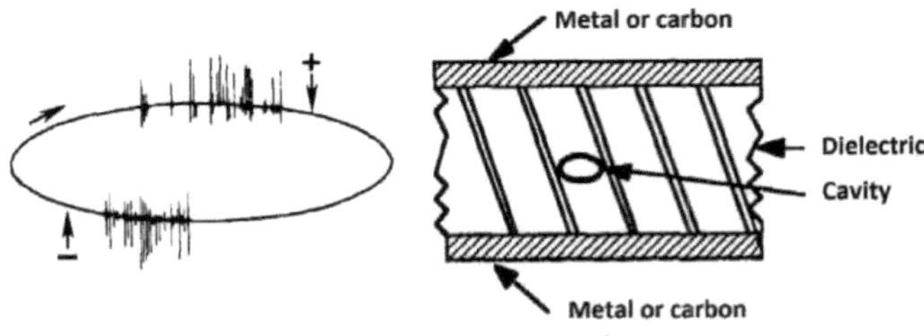

Figura 18 - Descarga de cavidade interna num material dielétrico sólido

A figura 19 a mostra o padrão das descargas internas que ocorrem nas fissuras do isolamento de elastómero (uma composição à base de borracha natural e sintética, um polímero com propriedades elásticas) na direção do campo elétrico, como mostra a figura 19 b. As descargas internas ocorrem na direção do campo elétrico. As descargas ocorrem antes do pico de tensão e são semelhantes em número e tamanho. Se a tensão for mantida durante mais de 30 minutos, a intensidade das descargas diminui gradualmente e a tensão de extinção é superior à tensão inicial.

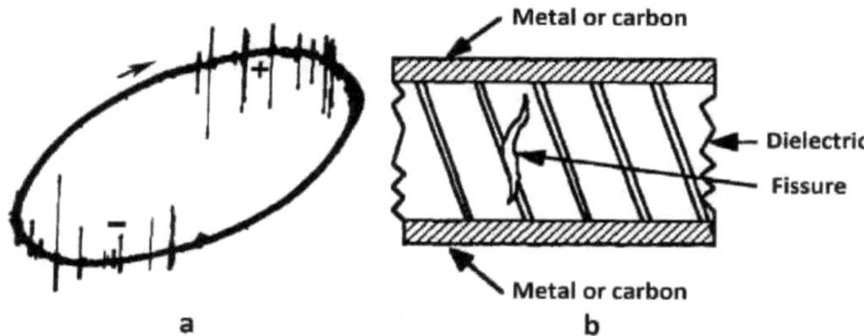

Figura 19 - Descargas internas em fendas no isolamento de elastómeros na direção do campo

O padrão descrito na figura 20a ocorre quando cavidades de diferentes tamanhos e formas estão presentes num dielétrico, como mostra a figura 20b. As cavidades podem ser de diferentes tamanhos e formas. Este efeito é típico das passagens defeituosas, que são o resultado de tensões eléctricas elevadas ao longo de folhas ou laminações **defeituosas**. As descargas são geralmente do mesmo tamanho e podem ser observadas em ambos os meios-ciclos. Neste tipo de falha, o número de descargas aumenta com a tensão de ensaio.

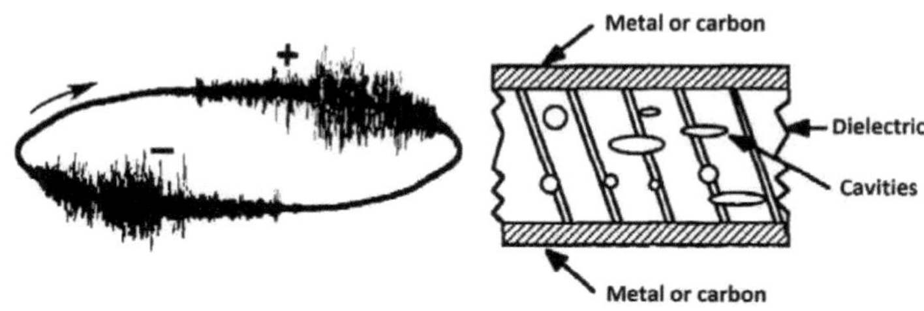

Figura 20 - Descargas em cavidades de diferentes formas e tamanhos no interior do dielétrico

O padrão **mostrado** na Figura 21a pode ser visto em cavidades laminares (ver Figura 21b), tipicamente encontradas em máquinas com isolamento de mica ou papel. As descargas ocorrem antes do pico de tensão, são de uma ordem de grandeza semelhante em ambos os semicírculos e aumentam progressivamente com o aumento da tensão. Se a tensão for mantida num valor máximo, o nível de descarga aumenta gradualmente até estabilizar cerca de 10 minutos após o arranque.

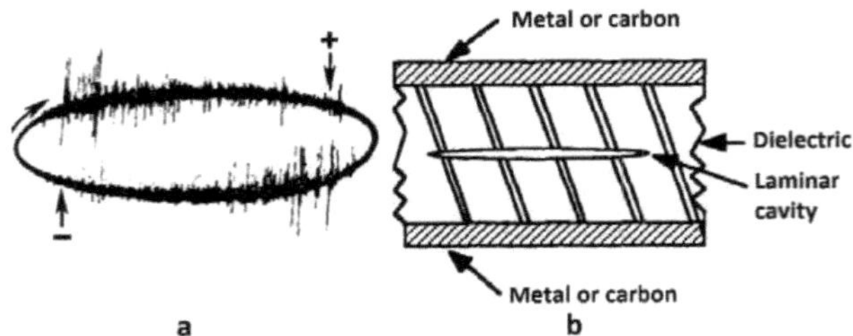

Figura 21 - Descargas em cavidades laminares no interior de material dielétrico

O modelo ilustrado na Figura 22 a é encontrado em bolhas de gás num isolante líquido (por exemplo, óleo em contacto com papel) Figura 22 b. As bolhas são formadas pela tensão eléctrica no papel e aumentam de tamanho e número sob o efeito das descargas. No entanto, dissolvem-se no líquido e desaparecem quando a tensão é retirada. As descargas têm o mesmo tamanho em ambos os semiciclos. Se a tensão for mantida acima do valor em que a descarga começou, o tamanho das descargas pode ser multiplicado por cem em **poucos** minutos, e o valor de reposição é cerca de três vezes inferior ao valor inicial. Se o sistema de isolamento for mantido durante um ou dois dias, o valor inicial é reposto.

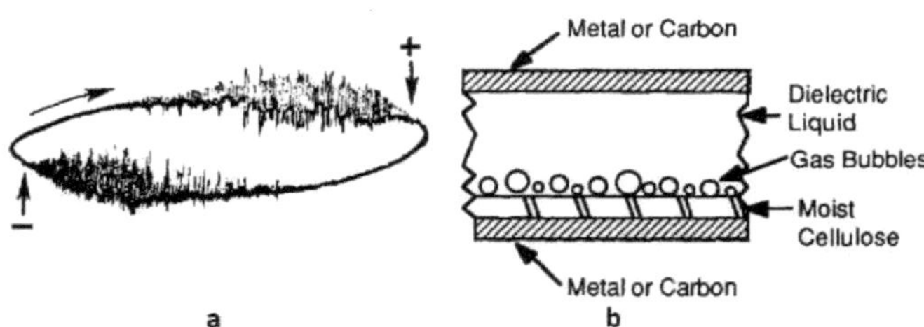

Figura 22 - Descarga em bolhas de gás num material isolante líquido

Durante o crescimento ativo de um vestígio de carbono por **sobreaquecimento** em matéria orgânica, como mostra a figura 23 a, são caraterísticos dois padrões. No caso de um padrão como o apresentado na figura 23 b, a descarga permanece estável durante vários minutos ou mais. No caso do padrão apresentado na figura 23 c, a intensidade da descarga é imprevisível e pode variar em poucos minutos. A tensão de descarga inicial é variável e a tensão de extinção é inferior à tensão inicial.

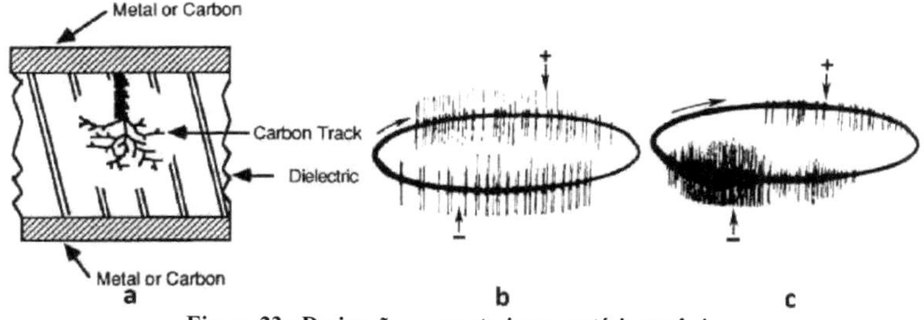

Figura 23 - Derivação por rastreio na matéria orgânica

2.8.1 Padrões típicos de perturbação

Alguns tipos de perturbações têm um padrão ou assinatura típicos. A Figura 24 e a Figura 25 mostram alguns dos padrões facilmente encontrados em ambientes de medição.

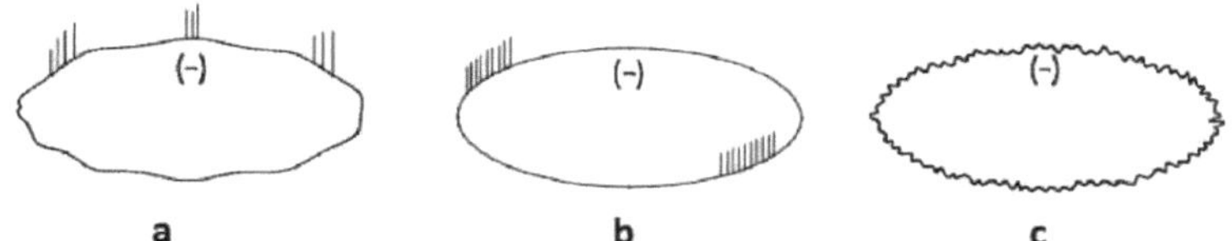

Figura 24 - a) Distorção harmónica - b) Objeto flutuante - c) Motor elétrico [41].

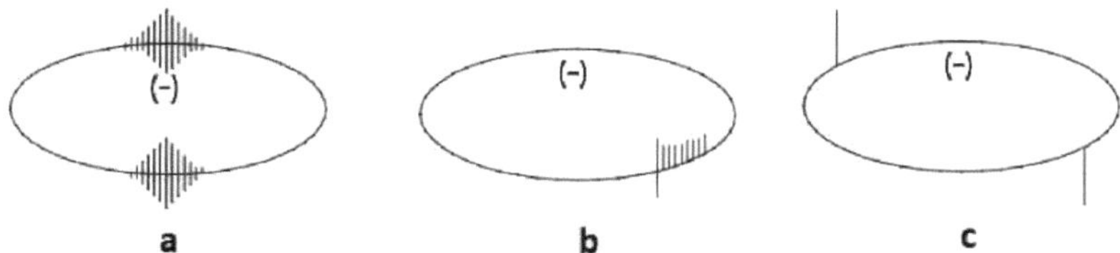

Figura 25 - a) Lâmpadas fluorescentes - b) Falso contacto - c) Retificador [41].

2.9 MEDIDAS DE PRECAUÇÃO PARA A MEDIÇÃO

Na realização de medições de DP é necessário ter alguns cuidados, como a correta calibração do equipamento com que se efectuam as medições, as interferências electromagnéticas de diversas origens e os devidos cuidados com as impedâncias (cabo, equipamento de medição e medida de impedância), de modo a evitar ondas viajantes, uma vez que os impulsos de DP têm um tempo de subida da ordem dos nanossegundos, pelo que mesmo alguns centímetros de cabo devem ser tratados como uma linha de transmissão com parâmetros distribuídos [6].

No entanto, no que diz respeito ao casamento de impedâncias, as precauções contra as ondas progressivas já estão bem estabelecidas e, consequentemente, a maior parte do casamento de impedâncias é efectuada entre os componentes do sistema de medição 50-Ω. Por conseguinte, as precauções contra as ondas progressivas não foram tratadas em pormenor.

2.9.1 Calibração de detectores DP num circuito de ensaio completo

O procedimento de calibração deve ser efectuado para cada novo objeto de ensaio. Estes procedimentos são definidos na norma IEC 60270 [12]. 0Um medidor de DP é calibrado injectando impulsos curtos de corrente de magnitude conhecida **q** na impedância de medição. Esta calibração determina o fator de escala do medidor. A figura 26 mostra um exemplo de um circuito de calibração.

00Os impulsos de corrente são geralmente derivados de um calibrador que consiste num gerador de tensão **G** com amplitude **V**, em série com um condensador de precisão **C**. 0 000Se a tensão conhecida **V** permanecer estável, são injectados impulsos de calibração repetidos da ordem de **q = V C**. 0O impulso de tensão **V** deve ter um tempo de subida inferior a 60 nanossegundos [12].

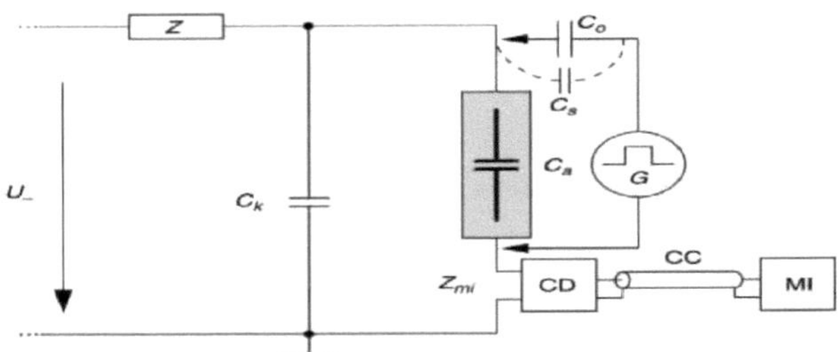

Figura 26 - Circuito de calibração do contador ED [12].

2.9.2 Interferência electromagnética

As interferências electromagnéticas (EMI) estão hoje presentes em quase todos os cenários. Um exemplo disso é a simples ligação de um televisor e, ao mesmo tempo, de um misturador à mesma rede eléctrica, obtendo-se assim o efeito da EMI no televisor. A EMI é o termo genérico para toda a energia electromagnética que provoca reacções indesejáveis num sistema. A EMI pode ser difundida através do ar. Por exemplo, as ondas de transmissão AM e FM propagam-se através do campo eletromagnético. Podem também ser conduzidas. As fontes de alimentação de tiristores, em que a EMI se propaga através dos cabos de alimentação, são um exemplo. A Figura 27 ilustra a diferença entre EMI conduzida e irradiada [17].

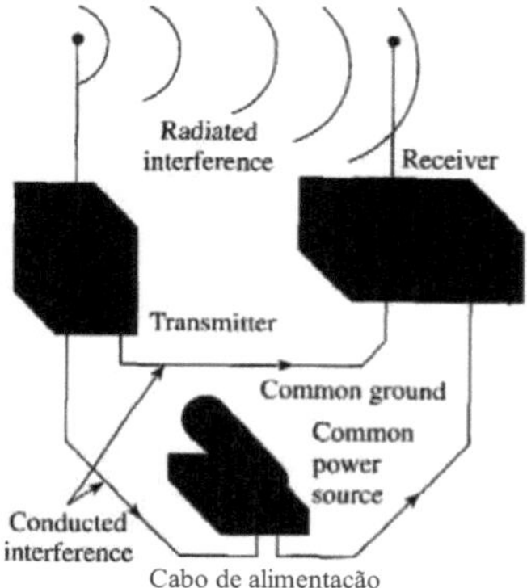

Figura 27 - Diferença entre perturbações electromagnéticas por condução e por radiação [17].

As EMI são geralmente causadas por condução ou por uma combinação de radiação e condução. A baixas frequências, a IEM propaga-se facilmente em meios condutores, enquanto a altas frequências se propaga mais eficazmente no ar. Regra geral, as perturbações por condução situam-se na gama de 10 kHz a 30 MHz [42].

Existem três técnicas básicas para controlar ou fornecer EMI: ligação à terra, blindagem e filtragem. Embora cada uma destas técnicas desempenhe um papel diferente, uma ligação à terra adequada pode por vezes minimizar a necessidade de blindagem e filtragem. Uma blindagem adequada pode minimizar a necessidade de filtragem [17].

As bandas de frequência mais frequentemente afectadas por interferências electromagnéticas são as seguintes AM 600 kHz a 1,6 MHz, FM 88 a 108 MHz, telefonia móvel 900 MHz a 2,4 GHz, radar 1 a 100 GHz, dados sem fios = 2,4 GHz, forno micro-ondas 2,4 GHz e transmissão de sinais de televisão 54 a 700 MHz [42].

2.9.3 Considerações sobre a dosagem de DP em transformadores

Se o ensaio PD for efectuado em transformadores diferentes dos acima mencionados, devem ser tomadas algumas precauções adicionais para garantir que a medição fornece dados satisfatórios e fiáveis, por exemplo [43] :

- As superfícies dos casquilhos do transformador devem estar limpas e secas, uma vez que a humidade ou partículas de "sujidade" podem causar TE ;
- As partes exteriores do transformador que tenham saliências pontiagudas susceptíveis de gerar efeitos corona devem ser protegidas eletricamente por esferas metálicas que actuem como compensação de potencial;
- O transformador deve estar à temperatura ambiente;

- Os ensaios não devem ser realizados sem serem espaçados no tempo, pois os resultados dos ensaios podem ser influenciados pelas tensões mecânicas, térmicas ou eléctricas que lhes estão associadas;
- O local de ensaio deve estar livre de qualquer interferência suscetível de afetar os resultados (se possível, efetuar o ensaio num ambiente blindado);
- A fonte de alimentação deve ser livre de DP.

No entanto, algumas das precauções acima mencionadas só podem ser aplicadas num ambiente laboratorial. No entanto, este cenário nem sempre é possível, uma vez que as medições têm de ser efectuadas na prática. Isto implica a necessidade de técnicas de processamento de sinais para que os sinais medidos possam ser analisados de forma fiável.

3 TÉCNICAS DE PROCESSAMENTO DE SINAIS

Na medição da DP, a principal dificuldade está na interpretação dos sinais medidos, pois os mais diversos tipos de ruído interferem na análise [44]. Assim, é necessário recorrer a técnicas de processamento de sinal para que os sinais medidos possam ser analisados corretamente. Neste capítulo, serão abordadas brevemente algumas das técnicas que podem ser utilizadas para o processamento de sinais.

3.1 TRANSFORMAÇÃO DE FOURIER

A transformada de Fourier (FT) foi descoberta no início do século XIX pelo matemático francês Joseph Fourier. Foi descoberta no início do século XIX pelo matemático francês Joseph Fourier. Descobriu que qualquer função periódica podia ser representada como uma soma infinita de funções exponenciais periódicas complexas. A FT tem sido utilizada em muitas aplicações que requerem processamento de sinais. Com a FT, uma função no domínio do tempo é mapeada para uma função no domínio da frequência. Utilizando a FT, a função inicial pode ser expandida em funções de seno e cosseno de duração infinita. Por outro lado, a transformada inversa de Fourier (IFT) permite que o sinal seja devolvido do domínio da frequência para o domínio do tempo [45].

$$\Im\{x(t)\} = X(f) = \int_{-\infty}^{+\infty} x(t) \cdot e^{-j2\pi ft} dt \tag{9}$$

Para um sinal de entrada **x(t)**, que é uma função contínua de uma variável real ***t***, a FT de **x(t)**, denotada **3{x(t)}**, é definida pela equação (9) [46].

O produto interno de *x(t)* com a exponencial complexa consiste numa base ortogonal, onde t é o tempo e *f* é a frequência. Com os valores de ***X(f)*** em **x(t)**, pode-se obter a IFT definida pela equação (10) [46].

$$\Im^{-1}\{X(f)\} = x(t) = \int_{-\infty}^{+\infty} X(f) \cdot e^{j2\pi ft} df \tag{10}$$

Uma representação alternativa da FT pode ser desenvolvida quando a sequência tem uma duração finita e é chamada de transformada discreta de Fourier (DFT). A DFT nada mais é do que uma versão amostrada da FT, o que permite que cálculos sejam utilizados na sua análise [45] [46]. Em poucas palavras,

O processamento da DFT leva um tempo excessivo, especialmente quando é necessária uma resolução elevada. Para reduzir este tempo de processamento, utilizamos a Transformada Rápida de Fourier (FFT), um algoritmo de processamento da DFT. A FFT impõe mais do que um pressuposto, o que permite o aparecimento de simetrias e reduz assim o número de cálculos necessários [46].

3.2 TRANSFORMAÇÃO QUÁDRUPLA A CURTO PRAZO

As funções seno e cosseno têm suporte infinito e são adequadas para a análise de sinais estacionários. No entanto, não são adequadas para descrever sinais não estacionários (transientes) cuja resposta em frequência varia ao longo do tempo [45]. O FT fornece uma resolução máxima do sinal no domínio da frequência, mas nenhuma resolução no tempo. Com a FT, é possível determinar todas as bandas de frequência do sinal. No entanto, não é possível especificar o momento exato em que estão presentes.

A transformada de Fourier de curto prazo (STFT) é utilizada para obter uma posição de tempo e frequência quando se efectua uma análise de sinal. A STFT não é mais do que uma variante da FT. Permite observar o sinal através de uma "janela temporal" curta, na qual o sinal analisado permanece mais ou menos estacionário.

The STFT of a signal $\boldsymbol{x(t)}$ is represented by the equation (11) [45].

$$STFT(\tau, f) = \int_{-\infty}^{+\infty} [x(t) * g(t-\tau)] e^{-j2\pi f t} dt \tag{11}$$

Where:

- $\boldsymbol{x(t)}$ represents the signal;
- $\boldsymbol{g(t-\tau)}$ it's the window function.

Quando se trabalha com sinais de baixa frequência, é necessário um longo tempo de observação, enquanto os sinais de alta frequência requerem um curto tempo de análise. Com a STFT, é utilizada uma única janela de tempo para todas as frequências, pelo que a resolução da análise é a mesma em todos os planos tempo-frequência.

É por isso que uma das vantagens da transformada wavelet é a utilização de janelas variáveis, com funções de base curtas para frequências altas e funções de base longas para frequências baixas.

3.3 TRANSFORMAÇÃO DE ONDAS

A transformada wavelet (WT) é um método de processamento de sinal relativamente recente, mas que tem ganho força nos últimos anos devido à sua capacidade de lidar com sinais não estacionários. A WT é uma ferramenta que permite decompor um sinal em diferentes componentes de frequência, de modo a que cada componente possa ser estudado separadamente na sua escala correspondente [45].

O WT oferece a capacidade de otimizar o processamento de sinais transientes e não estacionários, tais como picos e descontinuidades. Esta capacidade é muito útil no processamento de sinais, uma vez que em muitas situações a informação relevante está contida precisamente nestes eventos instantâneos. O WT tem sido utilizado em muitas áreas do processamento de sinais, como a compressão de dados, o diagnóstico de dispositivos eléctricos e o processamento de imagens [46].

A WT é uma transformação matemática utilizada para analisar um sinal ***x(t)*** através do produto interno entre o sinal e uma família de funções, denominadas wavelets, representadas por ^**(t)**. A WT é definida pela equação (12) [47].

$$TW(s,\tau) = < x(t), \Psi_{s,\tau}(t) > = \frac{1}{\sqrt{s}} \int_{-\infty}^{\infty} x(t) \cdot \Psi^{*}\left(\frac{t-\tau}{s}\right) dt, \quad s > 0 \tag{12}$$

Onde

- < >Representa o produto interno ;
- *é o conjugado complexo ;
- ^**(t)** é designada por wavelet mãe ;

s é chamado de escala (determina a taxa de compressão e expansão) ;

т determina o deslocamento ou a translação ;

i

-= é um fator de escala que assegura a conservação de energia durante a expansão ou compressão da wavelet principal.

3.4 TRANSFORMAÇÃO WAVELET DISCRETA E MULTINÍVEL

Entre as possibilidades disponíveis no domínio do processamento de sinais, a transformada de wavelet discreta (DWT) está a revelar-se extremamente útil para a resolução de problemas envolvendo TEs. A sua função de multi-resolução não só reduz o ruído, como também nos permite procurar sinais transitórios susceptíveis de revelar uma atividade caraterística da DP. O conceito de multi-resolução refere-se à capacidade de visualizar um sinal em diferentes níveis de resolução, ou seja, em diferentes níveis de pormenor. Desta forma, é possível destacar o que é mais importante em cada nível.

A decomposição de um sinal em diferentes níveis pode ser efectuada por DWT, como mostra a equação (13) [48] [49].
Onde

$$f(t) = \sum_{k=-\infty}^{\infty} c_{j0,k} \cdot \varphi_{j0,k}(t) + \sum_{j=j0}^{\infty} \sum_{k=-\infty}^{\infty} d_{j,k} \cdot \psi_{j,k}(t) \tag{13}$$

- $c_{j0,k}$ are the coefficients related to the scalar functions, called approximation coefficients;
- $d_{j,k}$ are the coefficients related to wavelet functions, called details coefficients;
- $\varphi_{j0,k}$ is the expansion set formed by scalar functions;
- $\psi_{j,k}$ is the expansion set formed by wavelet function;
- j is the index related to the scale;
- k is the time-related index.

Os coeficientes da DWT dependem de duas variáveis, ou seja, os coeficientes têm duas dimensões que abrangem o conteúdo espetral e temporal do sinal. Estes componentes podem ser organizados em níveis definidos pela variável **j**, que está ligada ao conceito de escala funcional. A escala é um parâmetro ligado à frequência e pode ser considerado inversamente proporcional a ela. Se a frequência aumenta, a escala diminui. A informação temporal é preservada pela variação de **k**. $_{0kk}$A DWT é, portanto, o processo de cálculo dos coeficientes c_j, e d_j, .

Na prática, a DWT decompõe um sinal dividindo-o em níveis, sendo cada nível associado a uma gama de frequências. O número de níveis é um parâmetro deste método. O resultado é um número de coeficientes de detalhe e um único nível de coeficientes de aproximação que preservam o conteúdo de baixa frequência [49]. Os coeficientes agrupados por banda de frequência preservam a informação temporal e permitem que o sinal original seja visto em diferentes níveis de frequência. A separação por banda de frequência pode ser útil para reduzir o conteúdo de ruído do sinal [50].

Para entender como isso pode acontecer, precisamos saber um pouco mais sobre a transformada wavelet discreta inversa (IDWT). Ela é capaz de reconstruir a função original (o sinal) a partir dos coeficientes, de forma oposta à utilizada para aplicar a transformada. Como a DWT tem um conjunto bidimensional de coeficientes que representam diferentes sinais que compõem o sinal original, é possível reconstruir apenas parte do sinal, selecionando os coeficientes a utilizar. Assim, se um nível da decomposição corresponde ao sinal ruidoso, este pode ser rejeitado e reconstruído sem essa parte.

Quando a DWT é aplicada a um sinal que contém um transiente de frequência relativamente alta, este é decomposto em várias bandas de frequência, permitindo separar o sinal contínuo do sinal transiente. A reconstrução correta dos níveis que contêm o transiente não só permite a sua visualização, como também permite determinar quando ocorreu e quanto tempo durou [50] [51]. Um facto importante a ter em conta é que o mesmo sinal em que se pretende procurar os impulsos TE foi também reduzido pela PET. Se este processo não for efectuado corretamente, os impulsos que queremos encontrar podem ser eliminados ao mesmo tempo que o ruído, pois as suas amplitudes são pequenas e estão quase totalmente imersas no ruído [52].

3.5 ALGORITMO MALLAT

O algoritmo de Mallat está diretamente ligado à análise multi-resolução e a decomposição é realizada em níveis hierárquicos. O esquema de transformação discreta proposto por Mallat em 1988 trabalha com escalas e posições baseadas em potências de 2, bem como com o uso de filtros. A Figura 28 mostra como é realizada a decomposição proposta por Mallat [53].

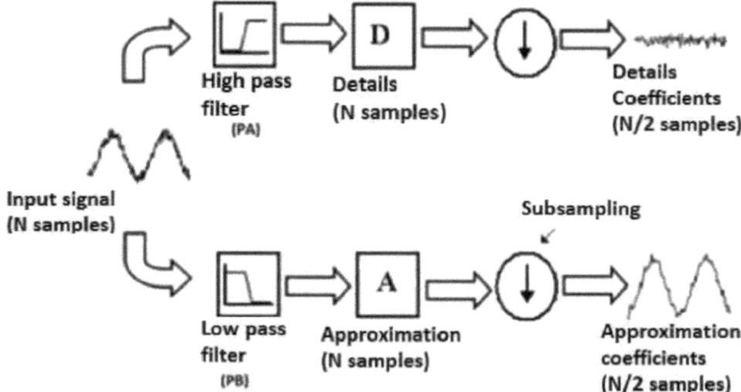

Figura 28 - Estrutura da decomposição wavelet proposta por Mallat [53].

Para um dado sinal de entrada S, a decomposição é efectuada passando este sinal por um filtro passa-alto (HP) e um filtro passa-baixo (LP), a partir dos quais são geradas versões aproximadas e detalhadas do sinal de entrada. A função do filtro LP é suavizar o sinal e produzir a sua aproximação, enquanto o filtro HP deve reter a alta frequência que representa o pormenor do sinal. Os sinais resultantes dos processos de filtragem D e A têm ambos o mesmo número de amostras N do sinal de entrada S, pelo que o sinal de saída tem o dobro do número de amostras do sinal de entrada 2 * N. Por este motivo, existe o processo de subamostragem do sinal, que tem como objetivo reduzir o número de amostras dos sinais D e A. Este processo é efectuado através da intercalação dos dados, ou seja, a primeira amostra é tida em conta, a segunda é rejeitada, e assim sucessivamente. Os coeficientes de detalhe CD e os coeficientes de aproximação CA resultantes da subamostragem são os coeficientes da DWT [53].

3.6 REDUÇÃO DE WAVELET

O método de redução de ruído, conhecido como contração de wavelets ou contração de coeficientes, é um método relativamente simples. Essencialmente, consiste em submeter o sinal contaminado pelo ruído à transformação wavelet, em fixar os coeficientes que contêm o ruído em zero ou em multiplicá-los por um fator de redução e, em seguida, reconstruir o sinal original utilizando a transformação inversa. Esta "contração" é efectuada submetendo cada coeficiente a um valor limite. A evolução do processo depende da técnica utilizada. Pode-se aplicar o hard thresholding, que consiste em zerar todos os valores dos coeficientes abaixo de um valor limite, ou o soft thresholding, em que os coeficientes não são zerados e são apenas multiplicados por um fator de contração. A principal dificuldade desta técnica é escolher corretamente estes valores de limiar [43].

3.7 LÓGICA *FUZZY*

A lógica difusa (FL), também conhecida como lógica nebulosa ou difusa, é um ramo da inteligência artificial que oferece técnicas de representação matemática para informações imprecisas. Por outras palavras, permite que os elementos a descrever tenham um certo grau de relevância. Desta forma, um computador normalmente limitado a 1 e 0 ou a "bom" e "mau" é capaz de compreender valores situados entre estes dois extremos, incluindo valores parciais ou "graus de verdade" [54]. Esta análise é importante porque, na avaliação de um dispositivo, há situações em que o dispositivo não é totalmente "bom" ou "mau", mas pode situar-se numa zona intermédia. A lógica difusa é adequada para sistemas cujos modelos matemáticos são difíceis de resolver, porque é capaz de lidar com informação incerta ou incompleta [55]. A configuração básica da lógica difusa é apresentada na Figura 29.

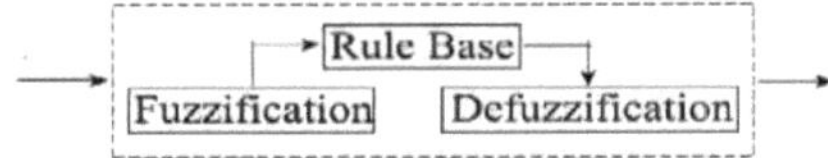

Figura 29 - Configuração básica da lógica fuzzy [55].

Em princípio, um sistema de lógica difusa é composto por três elementos: fuzzificação, base de regras e defuzzificação. A fuzzificação é o primeiro componente da lógica fuzzy, transformando entradas exactas em valores fuzzy. Estes valores difusos são enviados para a base de regras e processados com as regras difusas, sendo depois enviados para a unidade de defuzzificação. Nesta unidade de defuzzificação, os resultados difusos são transformados em valores exactos [55]. A FL está a evoluir rapidamente para uma nova e poderosa tecnologia para o diagnóstico dos padrões da doença de Parkinson e presta-se ao desenvolvimento de uma técnica de diagnóstico baseada nos padrões caraterísticos da doença de Parkinson, tal como descrito na secção 2.8 [56].

3.8 FILTRAGEM ADAPTATIVA

Nesta técnica, é necessário ter acesso a mais do que um sinal de informação. Em vez de tentar impedir a deteção do sinal de ruído, este é permitido, mas é utilizado outro sensor para detetar um ruído que tenha alguma correlação com o primeiro. Desta forma, espera-se que o segundo ruído forneça informações sobre o primeiro, permitindo que o ruído no sinal principal seja identificado e eliminado [43].

Após este processo, a restauração do sinal principal fornece um sinal "mais limpo", que teria sido inicialmente detectado sem o segundo sensor. Os filtros adaptativos são considerados filtros não lineares. Por conseguinte, o seu comportamento é mais complicado de analisar do que o dos filtros fixos. Por outro lado, os filtros adaptativos são "auto-projectáveis" e, de um ponto de vista técnico, a sua conceção é menos complexa do que a dos filtros digitais com coeficientes fixos [43]. A estrutura básica de um filtro adaptativo é ilustrada na figura 30 [57].

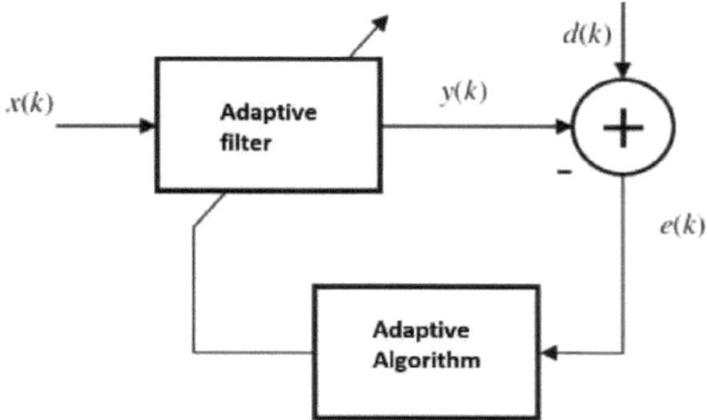

Figura 30 - Configuração básica de um filtro adaptativo [57].

Onde

- κ é o número de interações ;

- **x(k)** é o sinal de entrada ;
- ***y(k)*** é o sinal de saída adaptado do filtro;
- ***d(k)*** é o sinal de referência ;
- ***e(k)*** é o sinal de erro (calculado como ***[d(k)* - y(k)]**).

O sinal de erro é utilizado para formar uma função de potência requerida pelo algoritmo de adaptação; esta função deve determinar a atualização adequada dos coeficientes do filtro. A estrutura do filtro adaptativo pode ser implementada numa série de estruturas e formas de realização diferentes. A escolha da estrutura pode influenciar a carga computacional (número de operações aritméticas por iteração) do procedimento e também o número de iterações necessárias para atingir um nível de desempenho desejado. Em princípio, existem duas classes principais de filtros adaptativos, nomeadamente os filtros de resposta impulsiva finita (FIR) e os filtros de resposta impulsiva infinita (IIR). Os filtros FIR são geralmente aplicados a estruturas não recursivas (em que a função não se pode chamar a si própria), enquanto os filtros IIR utilizam realizações recursivas [57].

3.9 FILTRO DE REGULAÇÃO

O filtro combinado é utilizado para extrair uma forma de onda conhecida de um sinal ruidoso [58]. Esta técnica envolve a utilização de um filtro associado a um sinal de entrada específico, cuja resposta ao impulso é igualada ao sinal a ser capturado. Quando um sinal é sujeito a um filtro de correspondência, é estabelecida a correlação cruzada entre o sinal de entrada e o sinal ao qual o filtro foi associado. A filtragem é descrita por convolução, que é conseguida através da inversão da resposta ao impulso do filtro. Se o sinal de entrada for o mesmo que o sinal ao qual o filtro foi emparelhado, obtém-se a correlação cruzada máxima [43].

4 ESTUDO DE CASO

4.1 MEDIÇÕES W1

Para começar a medir o TE, foi efectuada uma experiência introdutória. A experiência consistia essencialmente numa caixa metálica que permitia variar as configurações dos eléctrodos. Os eléctrodos utilizados foram um plano e um plano de impacto. Para a experiência, o circuito elétrico foi construído como se mostra na Figura 31.

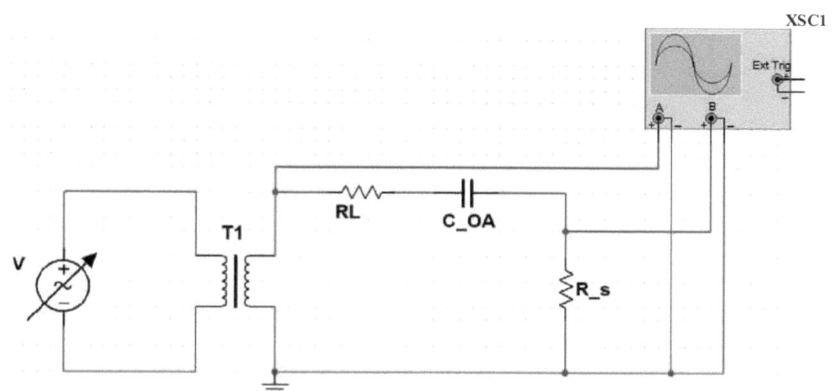

Figura 31 - Estrutura do circuito experimental

Onde

V	Fonte de tensão variável (Varivolt) ;
T1	TP ;
RL	Resistência de limitação de corrente (**MQ**) ;
C_OA	objeto a analisar ;
R_s	Resistência de bypass ;
XSC1	Osciloscópio (dispositivo de medição).

A figura 32 mostra a estrutura da experiência.

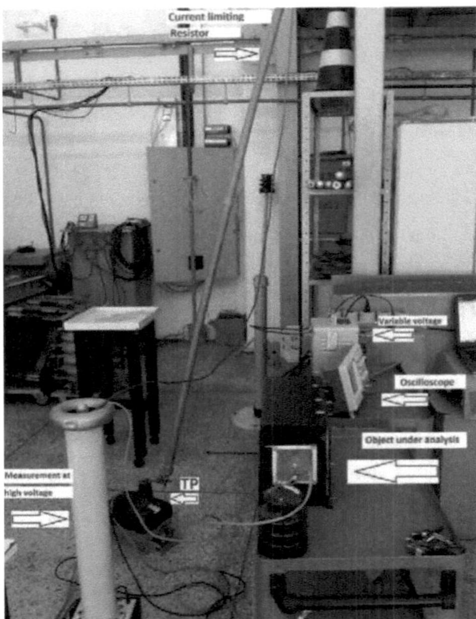

Figura 32 - Montagem da experiência

4.1.1 Nível de configuração

A configuração plano-plano foi utilizada como ponto de partida, sendo os planos formados por duas placas metálicas com 10 cm x 10 cm e espaçadas de 1 cm, como mostra a Figura 33.

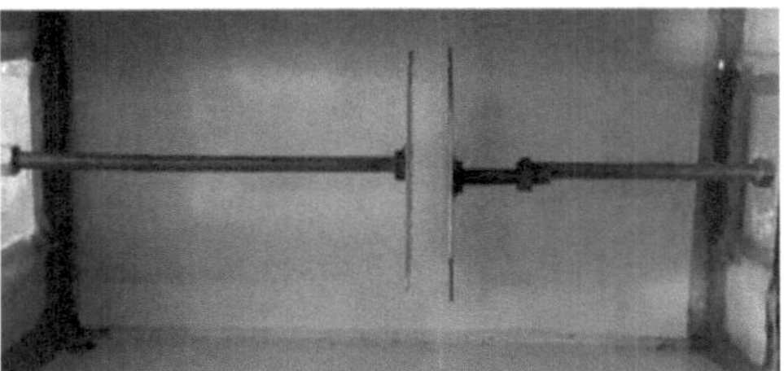
Figura 33 - Configuração do protótipo da superfície plana

A configuração apresentada na Figura 33 foi simulada utilizando um programa de análise de elementos finitos para observar o comportamento das linhas de campo elétrico ao longo das placas. A configuração criada pelo programa é mostrada na Figura 34, em que a é a configuração da geometria e do espaçamento das placas e b é a simulação do comportamento das linhas de campo elétrico.

A partir da pesquisa bibliográfica, esperávamos uma distribuição simétrica das linhas de campo elétrico (sem ter em conta o efeito nas arestas), o que é confirmado pela simulação.

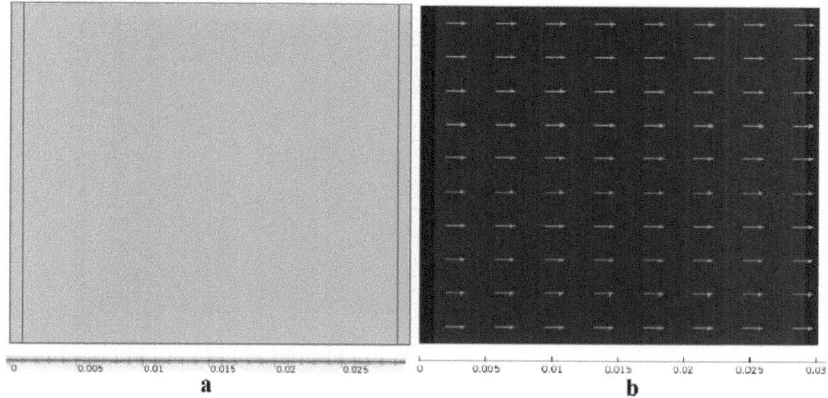

Figura 34 - Simulação no plano

Devido à **simetria do** campo elétrico ao longo das placas, a medição foi difícil, uma vez que os TEs mensuráveis (na experiência estudada) ocorreram apenas um curto período de tempo antes da rutura completa do dielétrico (neste caso, ar).

Na figura seguinte, os DPs são mais "visíveis" porque a forma do elétrodo da ponta tem um gradiente de campo elétrico mais elevado. Isto permite que as moléculas neutras próximas da ponta sejam ionizadas. No entanto, o resto do dielétrico (ar) tem uma excelente rigidez de diluição, porque o gradiente do campo elétrico diminui à medida que se afasta da ponta.

4.1.2 Configuração do plano de vértices

A figura 35 mostra a configuração do plano do ressalto utilizado na experiência. O plano é representado por uma placa metálica de 10 cm x 10 cm e o ressalto por uma agulha de 0,1 cm de diâmetro.

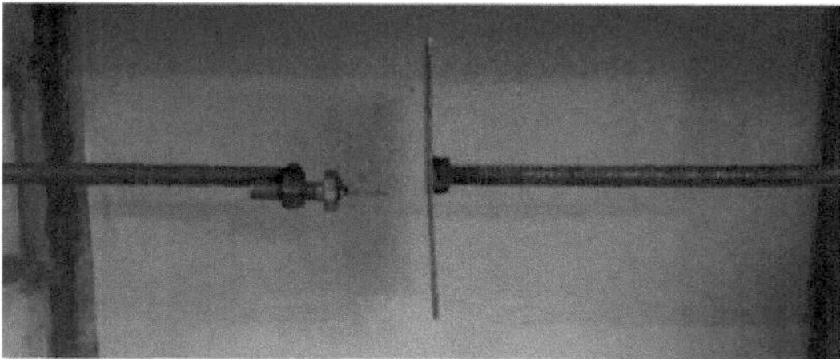

Figura 35 - Configuração ao nível da cúspide

Para visualizar a distribuição das linhas de campo elétrico, a geometria Figura 36 a e a simulação Figura 36 b foram realizadas utilizando o programa de elementos finitos. A distância entre os eléctrodos era de 1,5 cm. Para efetuar a simulação, foi atribuída uma tensão ao elétrodo da ponta (à esquerda) e a referência de terra ao elétrodo da superfície (à direita).

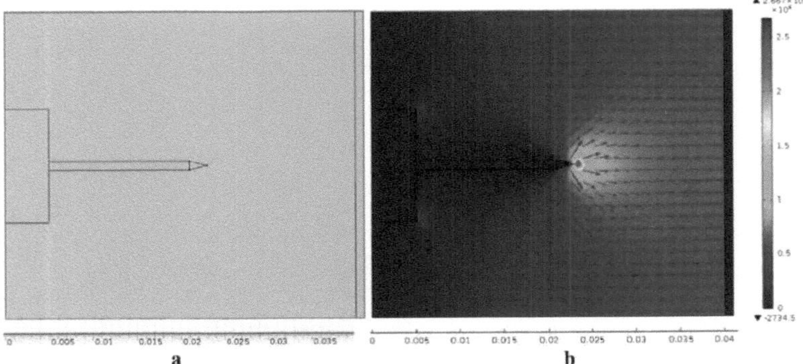

Figura 36 - Simulação do plano dos vértices

O objetivo desta simulação não era determinar a amplitude da tensão de rutura, mas sim o comportamento das linhas de campo elétrico, razão pela qual o nível de tensão utilizado na simulação não foi discutido. Como esperado, a intensidade do campo elétrico aumentou na zona da ponta, o que permitiu observar as TEs (mensuráveis nesta experiência).

Inicialmente, o diagrama de medição foi montado sem o resistor de derivação, como mostra a Figura 37. Desta forma, tentámos tornar visível o aparecimento de TE na fonte de alta tensão. Mas nada pôde ser observado.

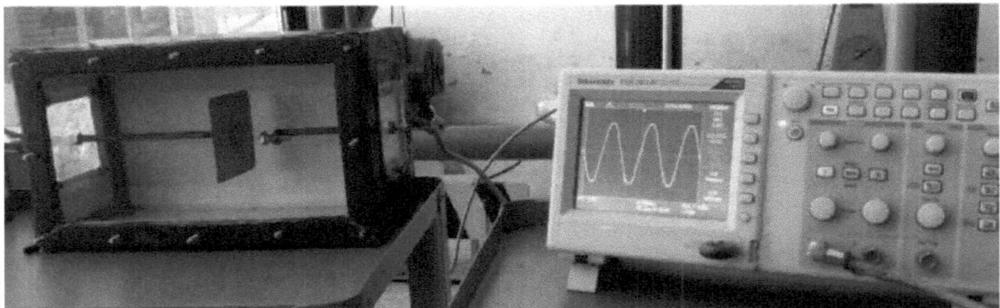

Figura 37 - Configuração no plano sem resistência de derivação

No entanto, o aparecimento de TE pode ser observado porque eram visíveis outros fenómenos como a produção de ozono e a formação de uma luminescência de baixa intensidade na ponta da agulha, atribuída ao corona. Para tornar os TEs visíveis, foi inserido um resistor de derivação, como mostra a Figura 38.

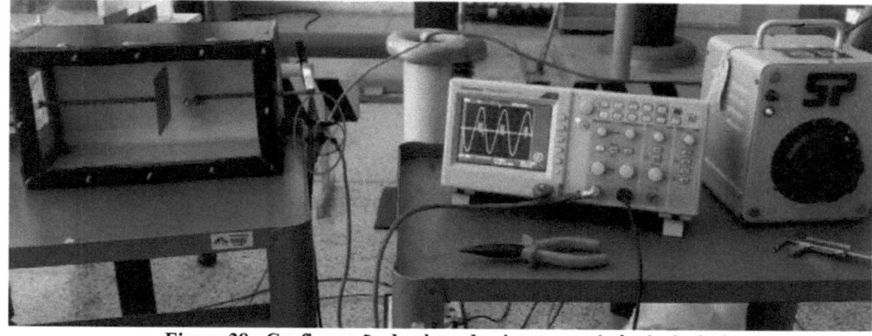

Figura 38 - Configuração do plano de pico com resistência de derivação

A experiência utilizou uma resistência 10-Q através da qual foram medidos impulsos de corrente utilizando um osciloscópio, como mostra a Figura 39.

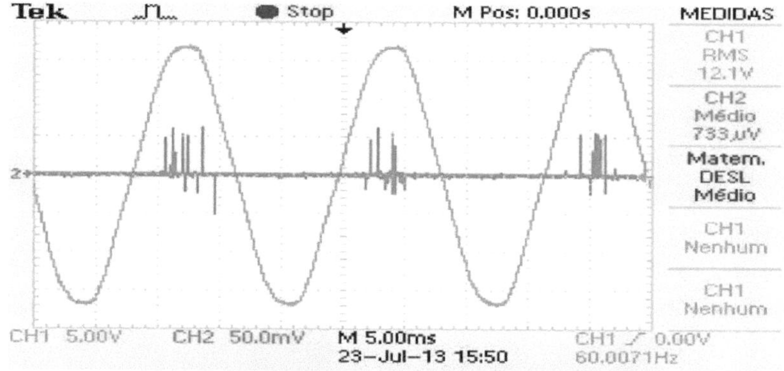

Figura 39 - Medição da configuração do plano do vértice PD

O canal 1 (CH1) foi utilizado para medir a alta tensão, enquanto o canal 2 (CH2) foi utilizado para medir a tensão através da resistência de derivação gerada pelos impulsos de corrente TE. O objetivo desta experiência era estudar o aparecimento de TEs de uma forma prática. Em particular, foi possível observar que a duração dos impulsos PD é da ordem dos nanossegundos.

Outra observação que pode ser verificada é a geometria dos eletrodos, que é um ponto crucial para o surgimento das DPs. Embora esse ponto não tenha sido abordado neste trabalho, pode-se observar que, devido à configuração da ponta, as DPs se iniciaram com uma tensão menor do que na configuração planar.

A experiência também permitiu uma melhor compreensão da complexidade da medição de TE. Durante a experiência, não foram tomadas algumas precauções necessárias, como a escolha de uma fonte sem TE, a atenção às interferências electromagnéticas e a escolha de uma impedância de medição adequada.

Assim, embora a experiência fosse relativamente simples, serviu para consolidar certas considerações que não tinham sido analisadas anteriormente.

4.2 MEDIDAS W2

A fim de melhorar a compreensão da forma como os ensaios de DP são efectuados do ponto de vista industrial, algumas empresas introduziram a possibilidade de seguir as suas rotinas de ensaio. A primeira empresa foi a W2.

4.2.1 Procedimento de ensaio

Para a realização do ensaio, o dispositivo necessita, em primeiro lugar, das especificações do cliente, ou seja, as especificações da norma à qual o dispositivo deve estar em conformidade. Para transformadores de corrente, as normas aplicáveis são ABNT NBR 6856/92 ou IEC 60044-6-1992 e para transformadores de tensão: ABNT NBR 6855/09. A definição da norma determina os valores de tensão aplicáveis, as durações das tensões aplicadas e os níveis de DP admissíveis.

Uma vez definidos estes parâmetros, o provete (TC) é colocado no laboratório, que é uma gaiola de Faraday que protege das interferências electromagnéticas irradiadas. O TC tem, portanto, a sua "cabeça", que é envolvida por um anti-corona, como se pode ver na Figura 40. A função deste anti-corona é equilibrar o campo elétrico, de modo a que as fontes de perturbação (corona) sejam eliminadas.

Após a instalação do anel anti-coroa, o TC é alimentado por uma fonte de alta tensão sem TE, como se mostra na Figura **41a**. É colocado um elétrodo no anel anti-coroa. É utilizado um indutor em série com a fonte de alta tensão para "passar" sinais de baixa frequência e "bloquear" sinais de alta frequência. A fonte é então ligada à alta tensão do transformador de corrente, sendo esta ligação feita por um tubo metálico corrugado, como mostra a figura 41a. A baixa tensão do transformador de corrente é ligada à terra. O condensador de alta tensão ou condensador de acoplamento indicado na figura 41 b é ligado em paralelo com o transformador de corrente. Para o ensaio, utilizou-se um condensador com uma tensão nominal de 500 kV e isolamento em SF6. As capacitâncias nominais são 51106 pF ou 13622 pF, fixadas no condensador.

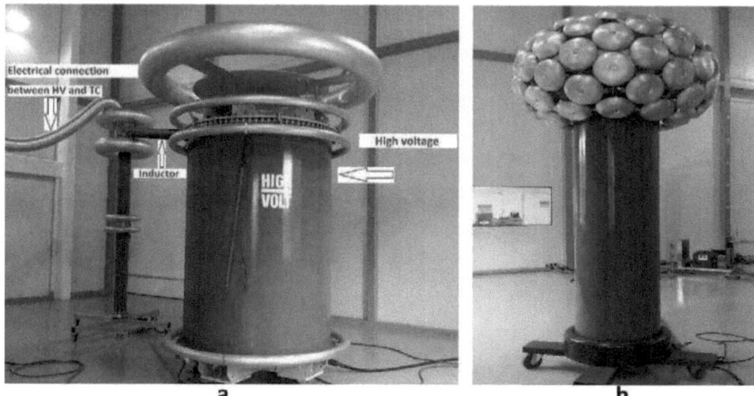

Figura 41 - a) Fonte de alta tensão - b) Condensador de acoplamento

A figura 42 mostra o esquema elétrico do conjunto utilizado.

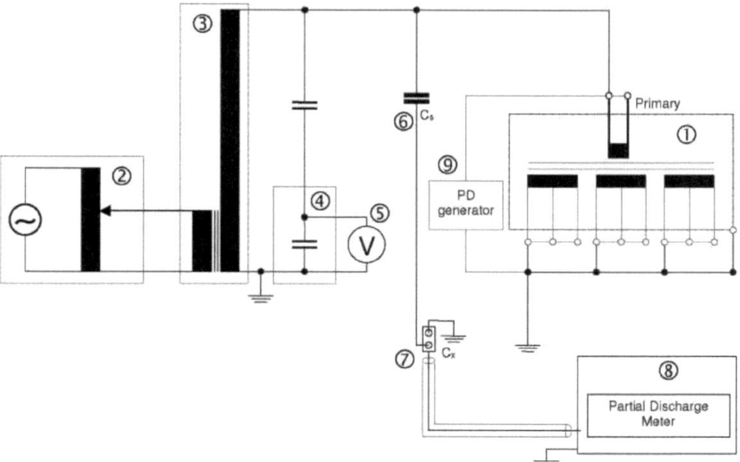

Figura 42 - Descrição da disposição

Onde

1 Representa a unidade testada (CT) ;

2 Fonte de seleção de frequências ;

3 Transformador elevador de alta tensão ;

4 Divisor de tensão capacitivo ;

5 Voltímetro de pico ;

6 Condensador de alta tensão (acoplamento) ;

7 Adaptador para instalação da medição PD ;

8 Medidor PD ;

9 Gerador de DP para calibração.

Uma vez efectuadas todas as ligações, o passo seguinte foi a calibração do aparelho de medição. A medição foi efectuada utilizando o hardware e o software do fabricante do T1. A Figura 43 mostra um diagrama da configuração utilizada pelo fabricante [59].

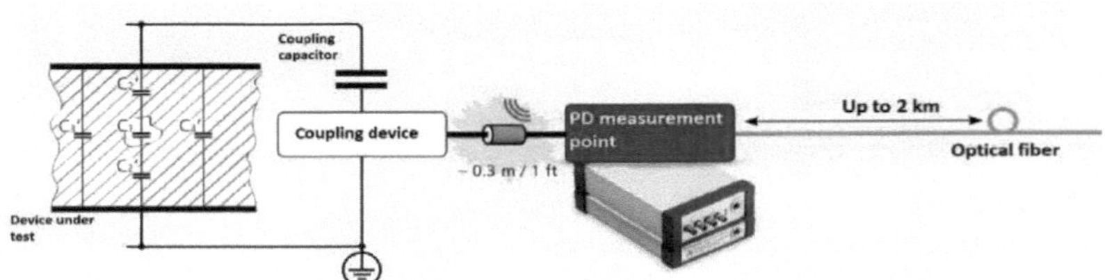

Figura 43 - Diagrama de medição do fabricante do T1 [59].

O valor PD a calibrar depende da norma exigida pelo cliente. No caso estudado, foi utilizada a norma IEC 60044-6-1992 com um valor TE máximo permitido de 10 pC. A figura 44 a **mostra** o dispositivo de calibração. A calibração é normalmente efectuada alterando a posição dos "pinos" e pode ser ajustada nas gamas 1/10/100/1000 pC. A ligação entre o módulo de medição no laboratório e o módulo interno na sala de medições é assegurada por uma fibra ótica. O módulo interno é ilustrado na figura 44b.

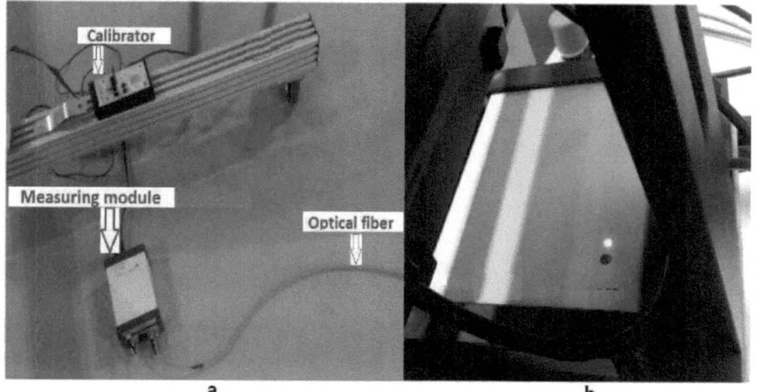

Figura 44 - a) Módulo de medição externo - b) Módulo interno

O módulo, que se encontra na sala de medições, está ligado a um computador e o software do fabricante analisa os TEs. A figura 45 mostra a interface do software.

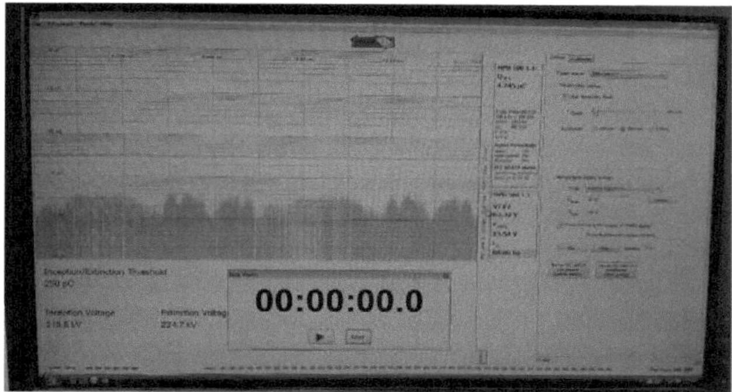

Figura 45 - Interface do editor de software T1

Uma vez efectuadas todas as ligações eléctricas, a ligação entre as impedâncias de medição e a calibração dos dispositivos, a rotina de teste pode ser iniciada.

4.2.2 Medições efectuadas

Foram efectuadas três medições PD em transformadores de corrente de 69 kV, 138 kV e 230 kV. A rotina e a montagem experimental foram as mesmas para todos os TCs, sendo a única diferença o valor da tensão aplicada. Os relatórios de medição referem-se ao transformador de corrente de 145 kV. Os valores de tensão, tempo de aplicação e valores de TE aceitáveis são baseados em [60]. A Tabela 3 apresenta esses valores.

Tabela 3 - Tensões de ensaio e níveis TE admissíveis [60].

Um (kV ef)	550/<3 NBI 1 800	242/V3 NBI 950	145/V3 NBI 650	72,5/л/3 NBI 350	**Nível máximo PD (pc)**
U1 (kV ef)	380	168	100	50	5
U2 (kV ef)	550	242	145	72,5	10
Ud (kV ef)	790	395	275	140	**Ver nota**

O procedimento de dosagem da TAC é o seguinte:

- Em primeiro lugar, o transformador de corrente deve ser ligado até que a tensão (U1) seja atingida, sendo a leitura dos DP efectuada no minuto seguinte a essa tensão;
- A tensão é então aumentada para (U2) e, após 30 segundos, o nível TE é registado;
- A partir daí, a tensão aumenta para (Ud), o nível de tensão aplicado à frequência industrial (para a tensão Ud, o nível de DP deve ser registado, apenas a título informativo). Após 1 minuto, a tensão deve voltar ao nível de (U2), e após 30 segundos, devem ser registados os DP;
- A tensão deve então voltar ao valor de (U1) e, após um minuto, a altura do TE deve ser registada.

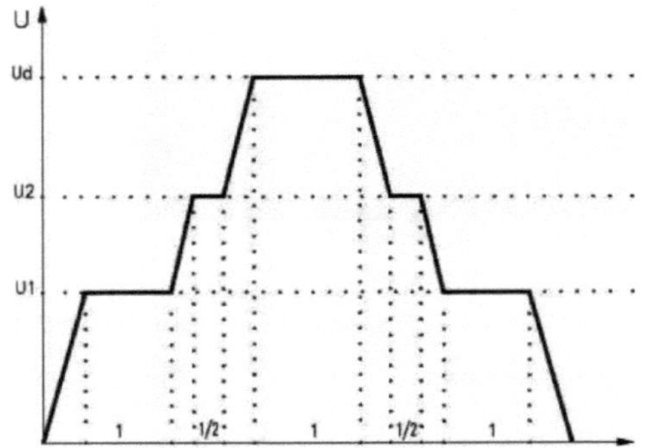

A figura 46 mostra a disposição dos tempos e das tensões aplicadas durante o ensaio.

t(niin)

Figura 46 - Amplitude e tempo de aplicação da tensão de ensaio

Considera-se que o TC foi admitido a este exame se estiverem reunidas simultaneamente as seguintes condições

- Altura máxima dos DPs para os valores de tensão correspondentes (U1), registados a 5 pC ;

- Nível TE máximo para os valores de tensão correspondentes (U2), registados a 10 pC ;

- diferenças entre os valores registados para os mesmos níveis de tensão (U2) antes e depois do dielétrico, inferiores ou iguais a 5 pC ;

A Figura 47, a Figura 48 e a Figura 49 mostram medições de DP às tensões especificadas na norma. Na Figura 47, foi efectuada uma medição de 542,3 fC. Na Figura 48, a medição foi de 511,9 fC e, finalmente, na Figura 49, de 621,1 fC.

Após a análise destes resultados, o scanner foi considerado aprovado, uma vez que cumpria os critérios da norma.

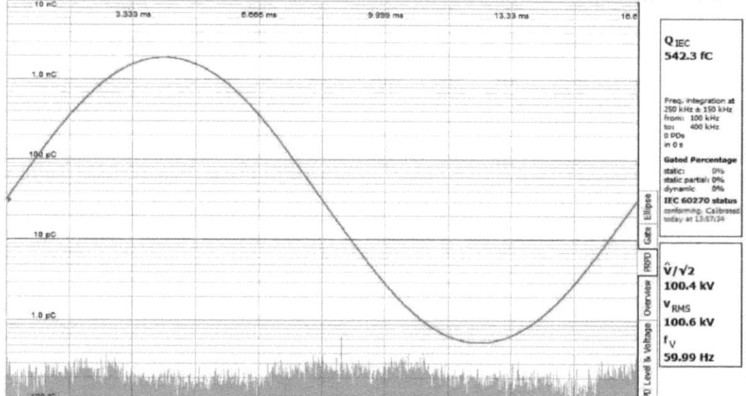

Figura 47 - Tensão aplicada de 100 kV

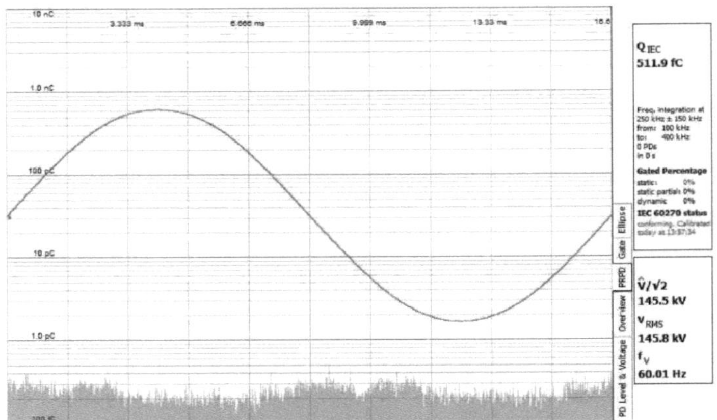

Figura 48 - Tensão aplicada de 145 kV

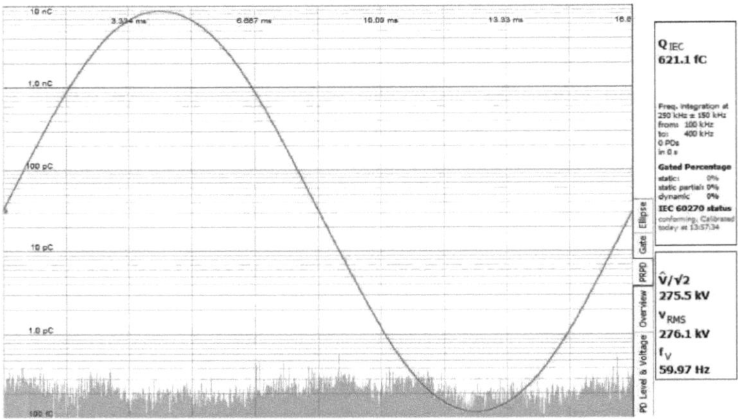

4.3 MEDIDAS W3

Na sequência dos ensaios, foram efectuados alguns testes na W3. Este é um dos centros de investigação do país, considerado uma referência no sector elétrico.

4.3.1 Equipamento em segunda mão

O equipamento utilizado nas experiências consistiu numa fonte monofásica com uma tensão nominal de 200 kV e um auto-ruído de cerca de 0,5 pC (esta é uma caraterística importante, uma vez que os sinais TE têm uma amplitude relativamente baixa e podem ser facilmente mascarados pelo ruído), um condensador de acoplamento com uma tensão nominal de 80 kV e uma capacidade de 460 pF, as impedâncias de medição (quadripolar e transformador de corrente), o objeto a estudar e, finalmente, o aparelho de medição TE. A Figura **50a** mostra a montagem experimental e a Figura **50b** o esquema elétrico.

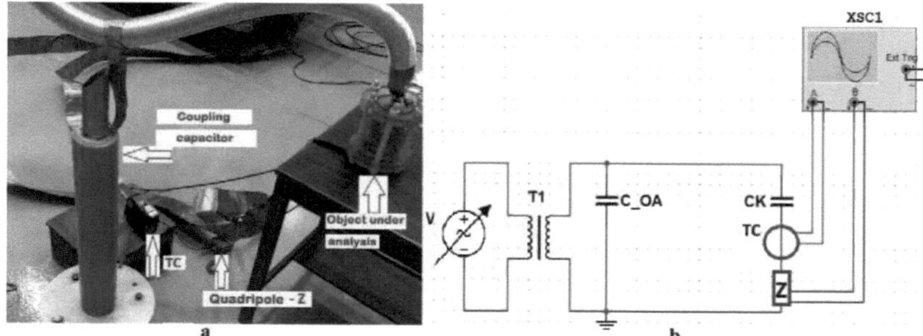

Figura 50 - a) Instalação experimental - b) Esquema elétrico

Onde

V	Fonte de alta tensão ;
TC	é o contador do transformador de corrente de alta frequência;
C_OA	é o objeto a analisar;
CK	é o condensador de acoplamento ;
	é a impedância de medição (quadripolar) ;

O XSC1 é um dispositivo de medição PD.

Todas as ligações entre a impedância de medição e o aparelho de medição foram efectuadas com um cabo coaxial sintonizado de 50 **Q**. Os sinais da impedância de medição não são afectados por interferências. Deste modo, estão isentos de interferências causadas por ondas viajantes.

4.3.2 Impedância de medição

O dispositivo de acoplamento (impedância de medição) num circuito de medição de DP é utilizado para detetar os impulsos gerados pelos DPs. Nas experiências efectuadas, foram utilizados um transformador de corrente e um quadripolar como impedância de medição.

4.3.2.1 Quadripolar

O quadrupolo pode ser ligado em série com o condensador de acoplamento ou com o objeto a examinar. Alguns quadrupolos fornecem também uma saída de baixa tensão com uma cópia da alta tensão aplicada. Esta saída de baixa tensão é utilizada para sincronizar o detetor de DPs.

A experiência utilizou o quadripolar representado na figura 51, que contém um sinal de sincronização. O circuito quadripolar é constituído essencialmente por um filtro passa-baixo (LPF), que fornece o sinal de sincronização, e por um filtro passa-alto (HPF), que apenas "passa" sinais de alta frequência, como os sinais PD. Um exemplo de um circuito quadripolar é apresentado na figura 51b.

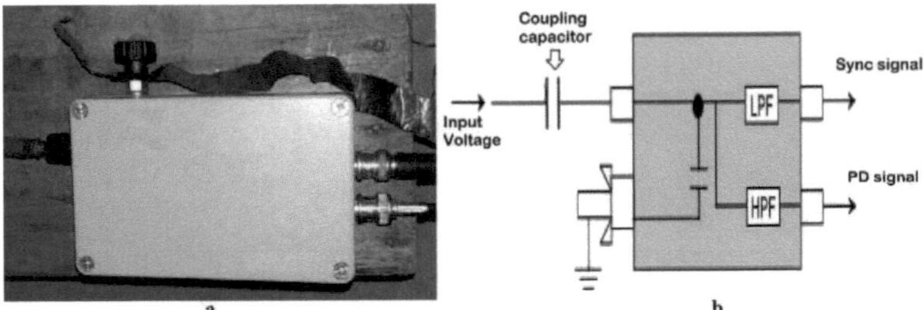

Figura 51 - a) Circuito quadripolar - b) Circuito quadripolar

4.3.2.2 4.3.2.2 Transformadores de corrente de alta frequência

Quando se utiliza um transformador de corrente de alta frequência como impedância de medição, a instalação é mais simples. Isto porque o transformador de corrente instalado à volta do condutor a medir, quer seja o condensador de acoplamento ou o dispositivo a testar, pode ser simplesmente "aberto". Outra vantagem do transformador de corrente é o facto de criar um isolamento galvânico entre o aparelho de teste e o circuito de alta tensão. Este tipo de impedância facilita a medição quando um circuito elétrico não pode ser interrompido. A figura 52 mostra o transformador de corrente utilizado na experiência.

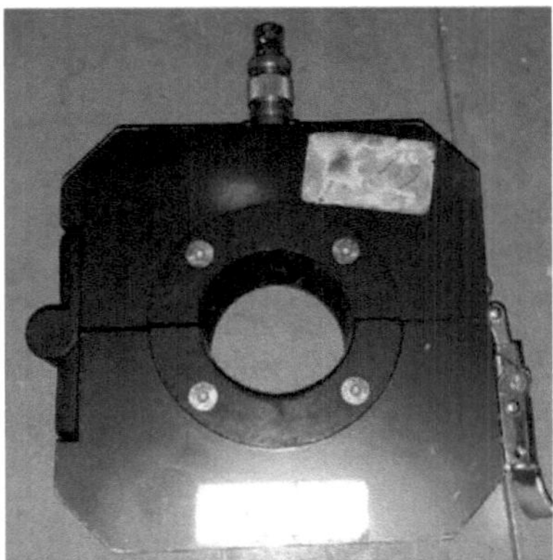

Figura 52 - Medição de TC de alta frequência

4.3.3 Calibrador

Como já foi referido, um dos pontos mais importantes para uma correta medição do TE é a calibração do aparelho a estudar. O calibrador utilizado na experiência foi o T2 do fabricante, apresentado na Figura 53. Este calibrador é capaz de gerar impulsos de calibração na gama dos 100/200/500/1000/2000/5000/10000 pC.

A escolha do calibrador ideal depende da gama de valores de DP a medir. O procedimento de calibração é o mesmo que o descrito acima, com o calibrador ligado em paralelo com o objeto a analisar. O impulso de calibração aplicado deve ter uma amplitude superior ao ruído presente no ambiente de medição, uma vez que esta é a grandeza de referência utilizada pelo dispositivo de medição.

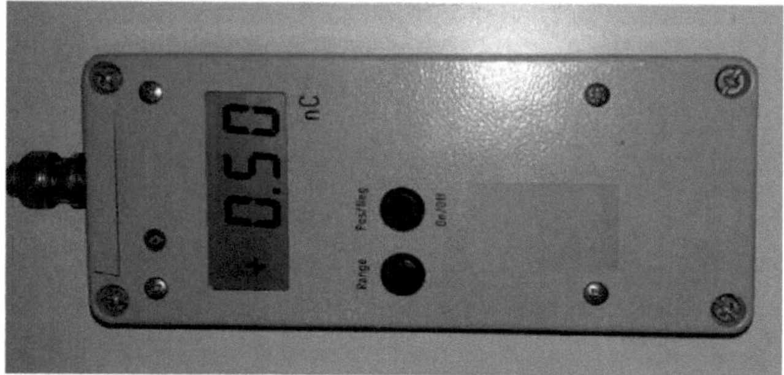

Figura 53 - Fabricante do calibrador T2

4.3.4 Equipamento de medição

Este tópico apresenta duas ferramentas de medição de DP utilizadas na W3, nomeadamente M1 e M2.

As medições referidas neste trabalho foram efectuadas com o aparelho de medição M2, uma vez que este possui uma ferramenta de separação de clusters. Esta ferramenta facilita a análise de sinais registados em ambientes ruidosos, uma vez que oferece a possibilidade de dividir o sinal em bandas de frequência.

4.3.4.1 Dispositivo de medição M1

O medidor M1 apresentado na figura 54a é um detetor de DP robusto e é frequentemente utilizado para analisar sistemas de isolamento. Tem uma vasta gama de frequências, incluindo a frequência da rede eléctrica (60 Hz).

A versatilidade deste dispositivo reside no facto de ser possível combinar um grande número de acessórios especiais. Isto significa que pode ser adaptado a praticamente qualquer ambiente de teste de alta tensão. Pode ser utilizada uma vasta gama de pré-amplificadores externos para controlar a gama de frequências PD de 40 kHz a 2 GHz.

A figura 54 b mostra a interface do programa.

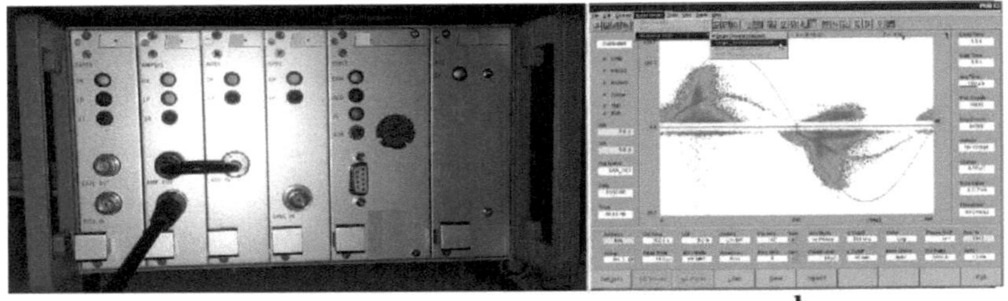

a b

Figura 11 - Dispositivo de medição M1 - a) *Hardware* - b) Interface de software

4.3.4.2 Medidor M2

O dispositivo de medição M2 apresentado na figura 55a é um sistema de diagnóstico global compacto e autónomo. É utilizado para avaliar o estado dos sistemas eléctricos de média e alta tensão com base na deteção de ET. Tem três canais de deteção de ET e um canal de sincronização (referência de fase). Pode calcular as caraterísticas dos impulsos medidos, o que permite otimizar o fluxo de dados, separando a ocorrência de TEs do ruído presente na medição [61]. A figura 55 b mostra a interface do programa.

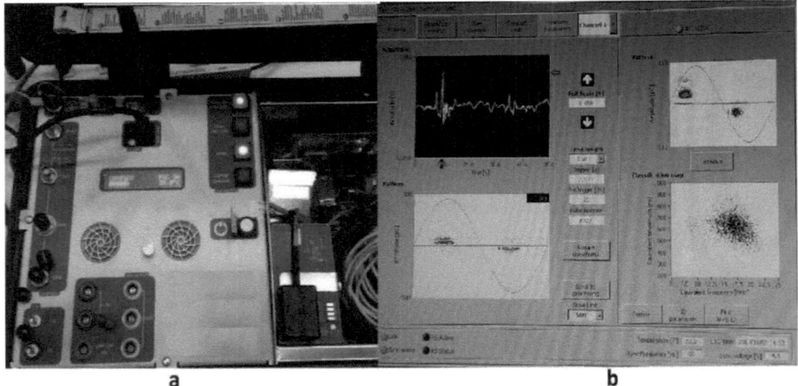

a b

Figura 12 - Medidor M2 - a) *Hardware* - b) Interface de software

Para facilitar a análise e distinguir entre diferentes tipos de eventos em sistemas de isolamento de alta tensão, alguns fabricantes oferecem padrões caraterísticos para diferentes tipos de TE. Os padrões mencionados aqui são baseados no manual do fabricante do instrumento de medição M2.

As amplitudes das tensões aplicadas nos modelos PD apresentados abaixo não se referem ao valor efetivamente aplicado, mas a uma tensão com um fator de redução de escala.

4.3.4.2.1 Descargas internas

No caso das descargas parciais resultantes de descargas internas, como mostra a Figura 56 **a**, é possível identificar certas caraterísticas como simetrias que começam muito antes da passagem pelo zero do semicírculo, e as quantidades das descargas parciais apresentam uma dispersão moderada, como mostra a Figura 56 **b**.

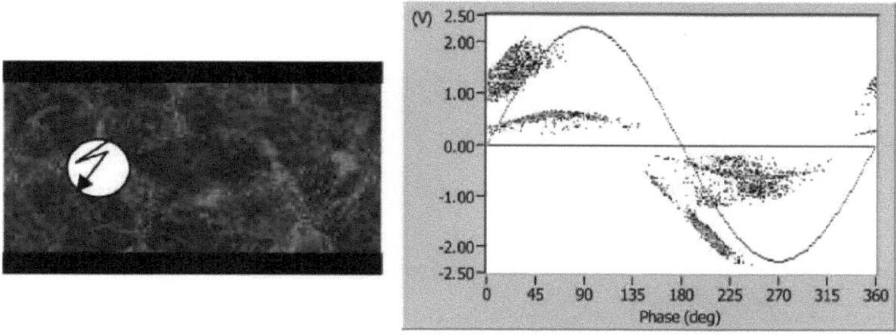

Figura 56 - a) Descarga interna - b) Diagrama caraterístico [62].

Durante uma descarga interna, os padrões têm caraterísticas bem definidas no que respeita ao aumento da tensão aplicada. Entre estas, vale a pena mencionar que o tamanho e a taxa de repetição dos PDs são ligeiramente dependentes da tensão aplicada e que o ângulo de aparecimento dos PDs é fortemente dependente da tensão aplicada. Este tipo de descarga não é influenciado pelas condições ambientais. A Figura 57 mostra um exemplo de DP interna à medida que a tensão aplicada aumenta [62].

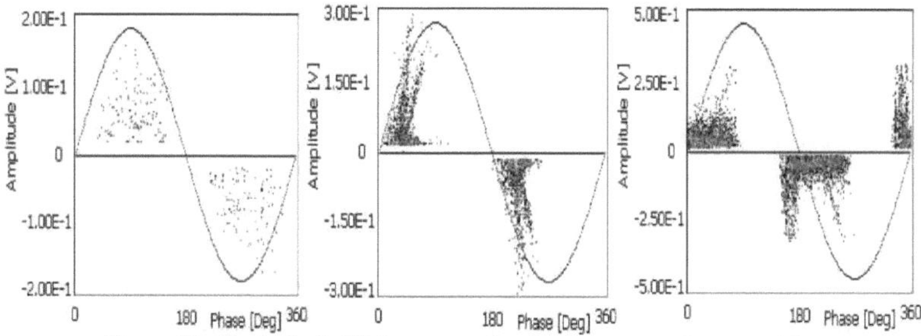

Figura 57 - Evolução da DP interna em função do aumento da tensão [62].

4.3.4.2.2 Escoamento superficial

No caso dos TEs de superfície, como se mostra na Figura 58, existe um padrão simétrico, mas também podem ocorrer padrões assimétricos. Há uma grande variação no tamanho dos TEs e, na maioria dos casos, começam após o cruzamento do zero da tensão. A figura 58b mostra um padrão típico de TE de superfície.

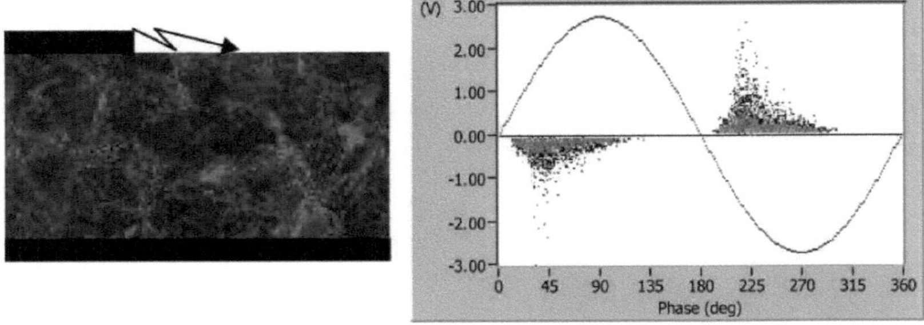

Figura 58 - a) Descarga superficial - b) Modelo caraterístico [62].

Nesta figura, podemos ver alguns dos efeitos associados ao aumento da tensão aplicada. Por exemplo, o tamanho dos PD depende fortemente da tensão aplicada, a taxa de repetição aumenta acentuadamente com a tensão aplicada e o ângulo de disparo praticamente não é afetado pela tensão aplicada. A figura 59 mostra a evolução das descargas parciais com o aumento da tensão. As descargas superficiais são influenciadas pelas condições ambientais, nomeadamente a humidade [62].

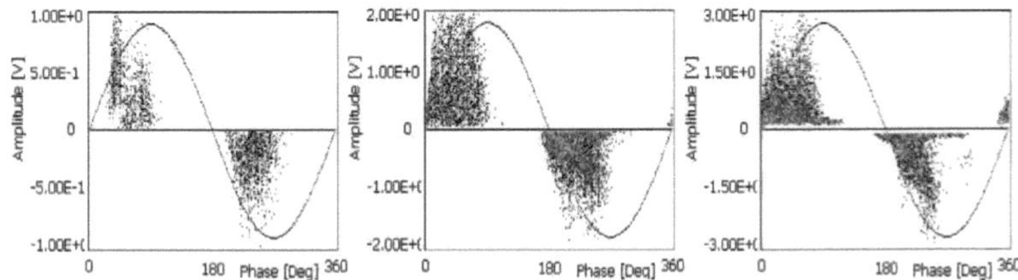

Figura 59 - Alterações na DP da superfície à medida que a tensão aumenta [62].

4.3.4.2.3 Descargas corona

Os PD do tipo Corona apresentados na Figura **60a** são claramente **assimétricos** e geralmente unipolares. Têm uma taxa de repetição muito elevada e as quantidades não apresentam praticamente nenhuma dispersão. Um padrão corona caraterístico pode ser visto na Figura **60b**.

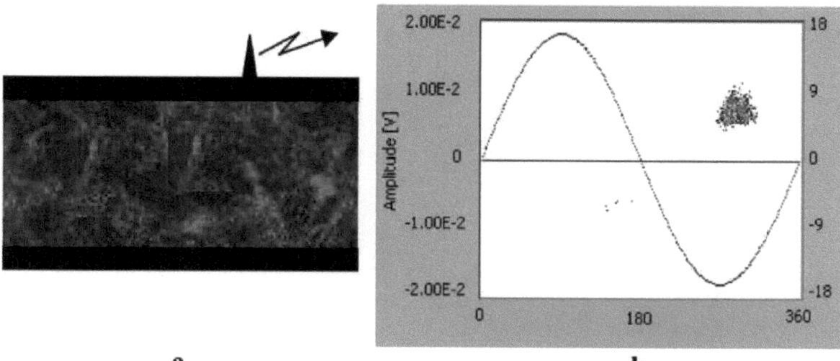

Figura 60 - a) Descarga Corona - b) Modelo caraterístico [62].

Os efeitos do aumento da tensão nas descargas corona são bem definidos, uma vez que, por exemplo, as magnitudes das descargas são praticamente independentes da tensão aplicada e existe uma elevada taxa de repetição. A Figura 61 mostra como as descargas corona se alteram com o aumento da tensão. As descargas corona são influenciadas pelas condições ambientais, **nomeadamente** a velocidade do vento [62].

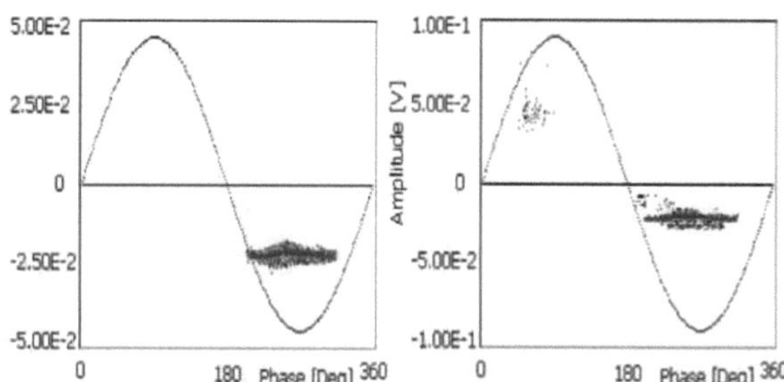

Figura 61 - Evolução dos DPs da coroa com o aumento da tensão [62].

4.3.4.2.4 Separação do ruído

O editor de *software M2* tem uma ferramenta interessante para analisar os TEs quando estes são medidos num ambiente ruidoso. Esta ferramenta é designada por separação de clusters. Como os sinais de ruído estão geralmente presentes em todo o espetro de frequências, o sinal TE é "mascarado" quando é efectuada uma medição em que os valores TE são inferiores aos do ruído.

Para a demonstração desta ferramenta, foi utilizada uma configuração simples de uma agulha (agulha), pois seu modelo caraterístico já é conhecido de acordo com as normas apresentadas em [62]. Na Figura 62 **a**, destacada pelo círculo vermelho, pode-se observar que o sinal TE é "mascarado" pelo ruído, gerando uma análise errônea, como pode ser visto na Figura 62 **e**. A Figura 62 **b** mostra que o sinal TE está "mascarado" pelo ruído.

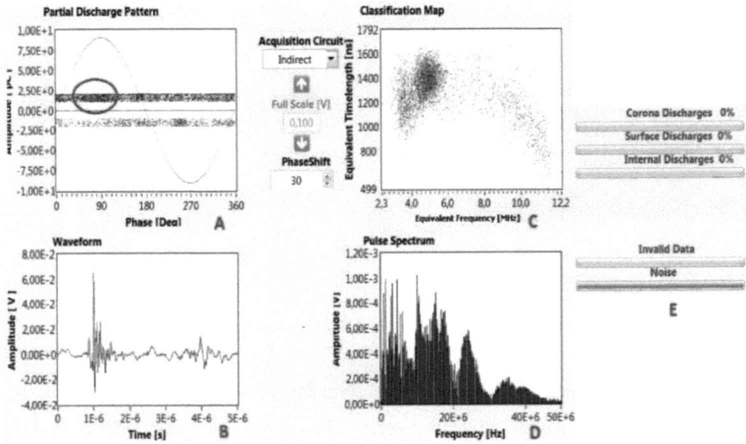

Figure 62 - Noise analysis

Com base na norma, o programa classificou a medição como ruído, uma vez que o tamanho do PD corona era menor do que o do ruído. Para reanalisar o sinal, os grupos foram separados como mostra a Figura 63, sendo o sinal da esquerda (vermelho) proveniente do ruído e o sinal da direita (azul) proveniente do corona PD.

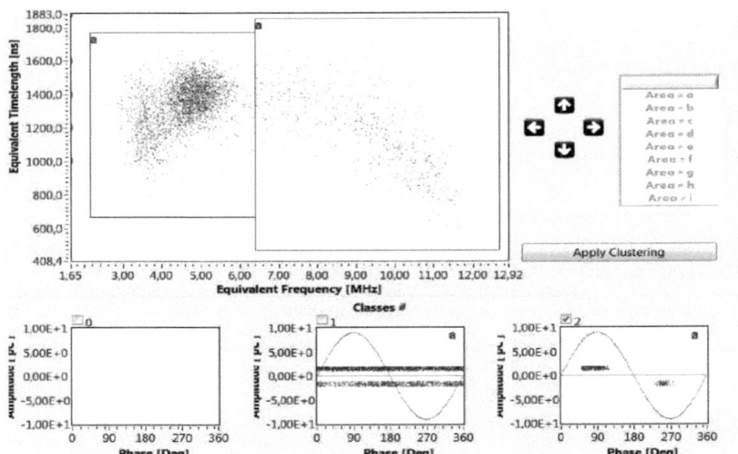

Figure 13 – Separation in *clusters*

Após a separação em clusters, foi possível reavaliar o sinal retirando a componente de ruído. Esta separação permitiu uma análise correta, como se pode ver na Figura 64.

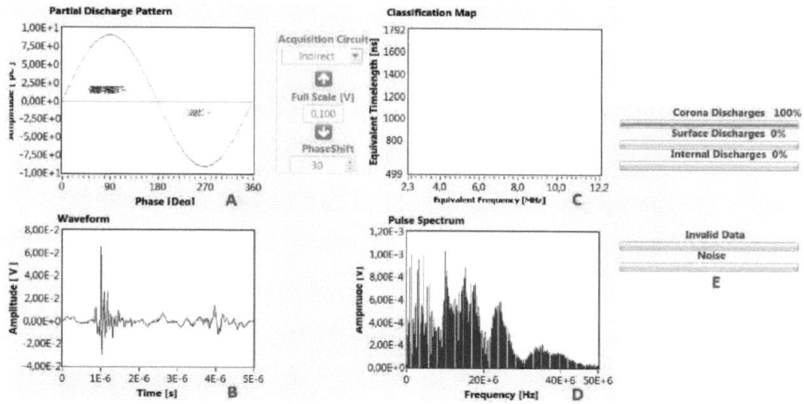

Figura 14 - Sinal PD isolado

4.3.5 Experiências efectuadas

As experiências foram efectuadas utilizando células de teste experimentais desenvolvidas no W3. As células foram inseridas no circuito de medição e analisadas. A configuração do circuito utilizado foi idêntica para todas as células, como mostra a Figura 50b.

4.3.5.1 Unidade Cimeira da Terra

Inicialmente, a experiência foi efectuada com a configuração de plano de impacto, como se mostra na Figura 65. Nesta configuração, a agulha foi submetida a uma alta tensão e o plano foi ligado à terra. As medições PD foram efectuadas colocando o transformador de corrente à volta do cabo de ligação à terra. Nesta configuração, esperava-se que se produzisse um efeito de coroa na porta da agulha.

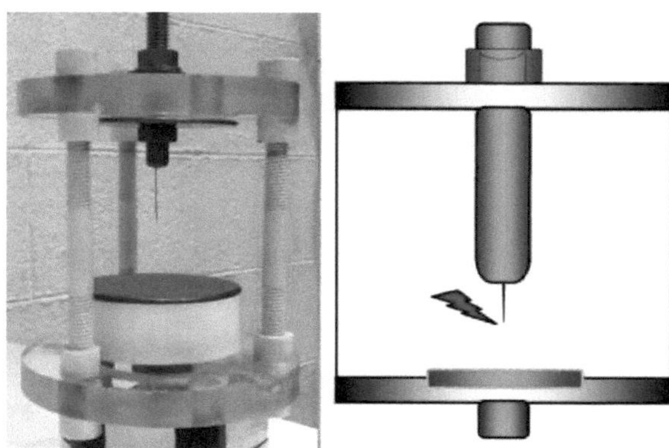

Figura 15 - Célula de plano de colisão

Na Figura 66, **a** e e representam o padrão PD, a forma de onda, o mapa de classificação, o espetro de frequência de impulsos e, finalmente, a análise gerada pelo programa, respetivamente. Como já foi referido, esperava-se uma avaliação do coronavírus devido à configuração do pico, o que se confirmou.

Como a amplitude do ruído presente no momento da medição é muito inferior à do sinal TE, não foi necessário separá-lo utilizando o mapa de classificação.

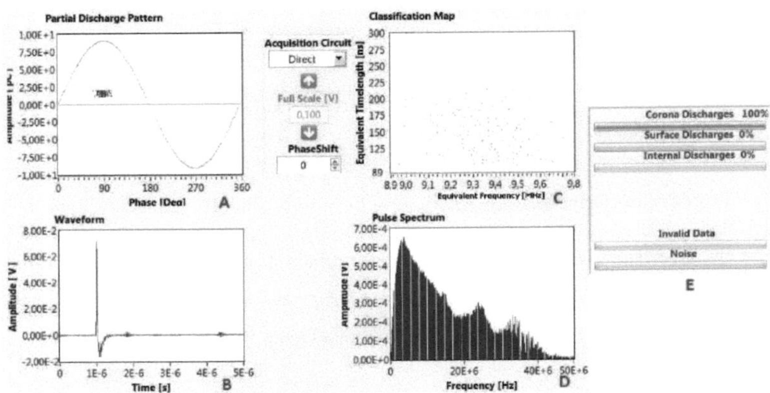

Figura 66 - Análise das células no plano da cúspide

4.3.5.2 Célula de lomba flutuante

Esta configuração representa as TEs induzidas que afectam o enrolamento de alta tensão ou o transformador de baixa tensão e as descargas entre as camadas da bobina [3] [9]. O modelo da célula é apresentado na Figura 67.

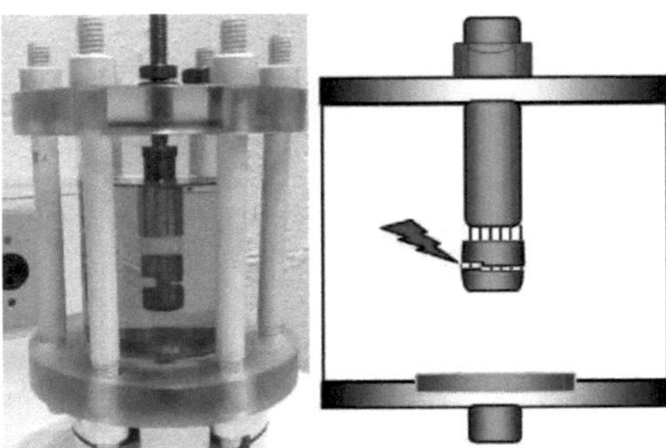

Figura 16 - Célula de corcunda flutuante

A Figura 68 mostra a análise do padrão PD para a célula de impacto flutuante. Na sequência desta análise, foi obtida uma avaliação de 25% de corona e 75% de descarga interna, como mostra a

Figura 68 e.

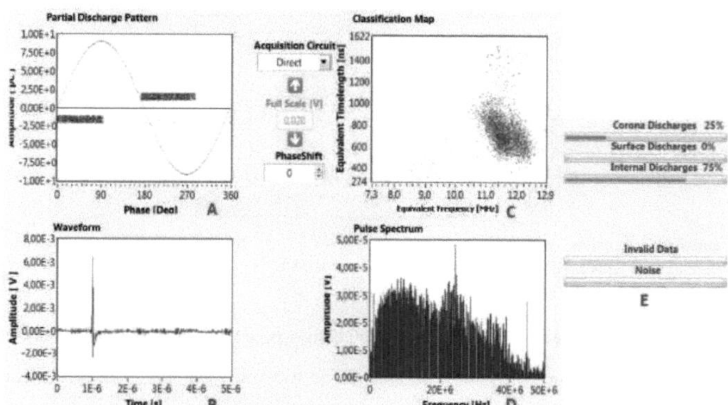

Figura 17 - Análise da célula de corcunda flutuante

A Figura 68 mostra que o mapa de classificação apresenta áreas claras (frequências) com o aparecimento de DPs. Para garantir que a análise estava correta, foi feita uma separação em grupos, como mostra a Figura 69. No entanto, verificou-se que os impulsos provinham da mesma fonte.

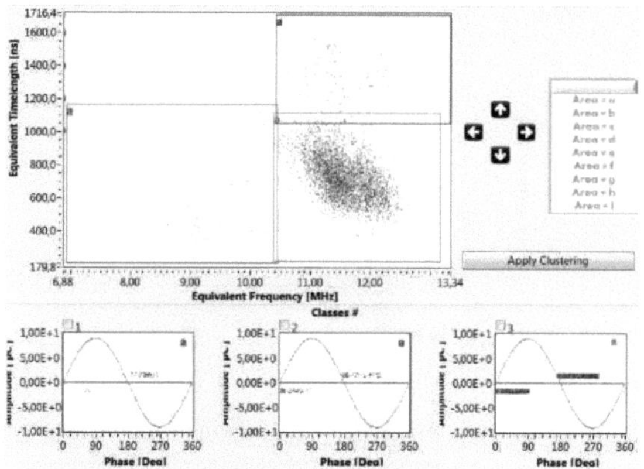

Figure 69 - Floating cusp cell separation in *clusters*

4.3.5.3 Célula do plano da cimeira

A configuração Cusp-Plane mostrada na Figura 70 está associada a ETs envolvendo saídas de alta tensão, um objeto condutor flutuante, uma **ficha de transformador**, mau contacto em fichas de alta tensão ou enrolamentos de transformadores [3] [9].

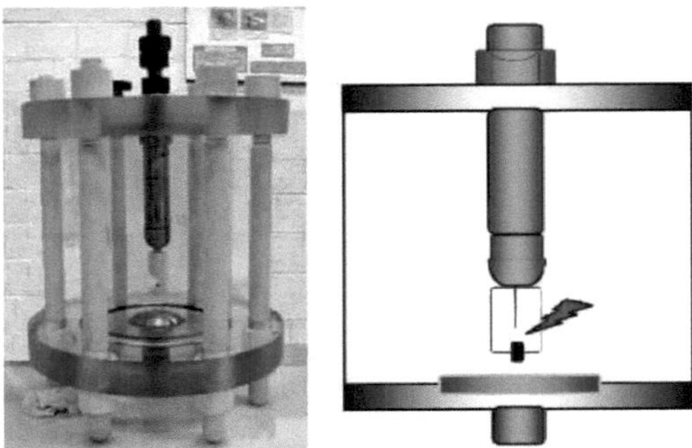

Figura 18 - Célula no plano da corcunda

Depois de analisar as medições, o programa caracterizou o padrão como uma combinação de ET superficiais e internas, mas principalmente internas, como mostra a Figura 71 e. As ET de superfície e as ET internas foram medidas utilizando a ferramenta de análise das medições.

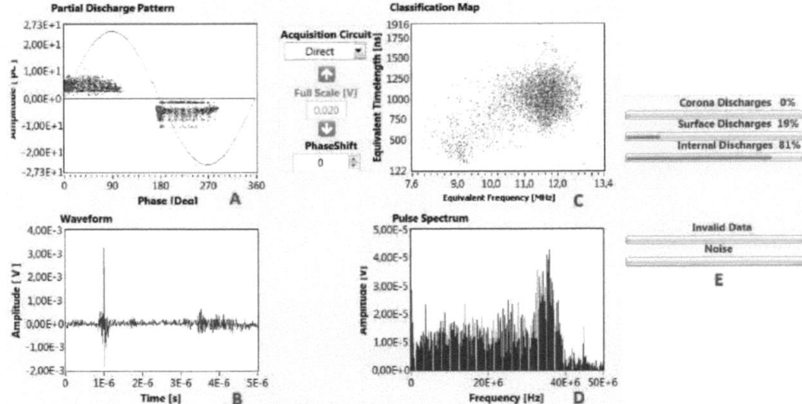

Figura 19 - Análise das células no plano da cúspide

4.3.5.4 Transformador

Para além das medições efectuadas nas células experimentais, a medição foi efectuada num transformador do fabricante W4. O transformador trifásico, com uma potência nominal de 500 kVA, fornece 13,8 kV em alta tensão e 125 V em baixa tensão. O transformador é apresentado na Figura 72.

Figura 20 - Transformador W4 500 kVA

O transformador examinado estava em perfeito estado de funcionamento. Para medir a DP, foi colocado um bypass no trajeto de alta tensão no enrolamento central do transformador. O bypass era constituído por uma série de condensadores ligados em série, cuja função era limitar a corrente que atravessava a pele do elétrodo da ponta (agulha). Este bypass é ilustrado na Figura 73.

Figura 73 - Inserção de um defeito no plano cuspidiano

Quando se analisou o modelo caraterístico PD, verificou-se que existia um sinal que interferia com a medição e, portanto, produzia um resultado inválido, como se pode ver na Figura 74 e. O mapa de classificação mostra a presença de dois sinais diferentes, um na banda dos 4 MHz e outro na banda dos 6,7 MHz.

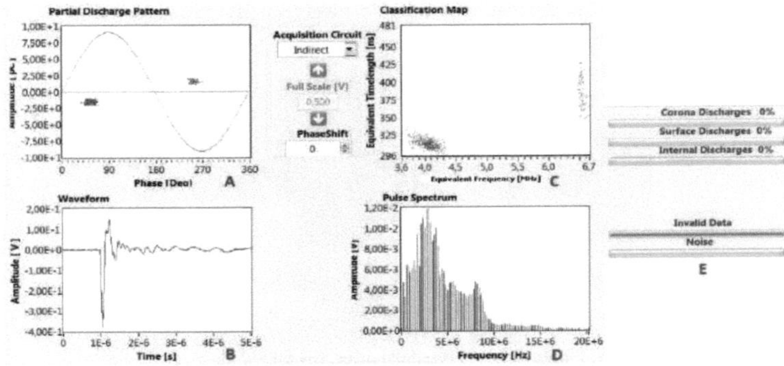

Figura 74 - Análise do transformador W4

Nesta análise, foi utilizada a separação de clusters, como mostra a Figura 75 a. Com a separação dos clusters foi possível eliminar o sinal que iria interferir na medição e assim obter uma avaliação correta, como mostra a Figura 75 b.

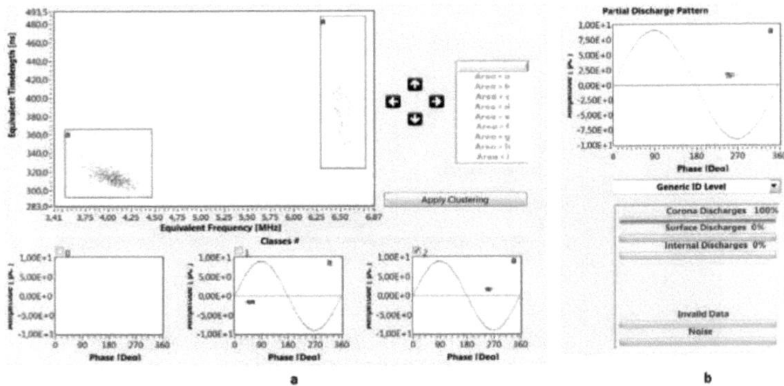

Figura 75 - a) Distribuição do transformador W4 em *clusters* - b) Reanálise

4.4 W5-MEDIDAS

A última experiência consistiu numa medição de DP num transformador de potência W5.

4.4.1 Equipamento de medição

A medição foi efectuada com o aparelho de medição M3. O medidor é apresentado na figura 76a. O funcionamento do medidor baseia-se na seleção do modo de funcionamento pretendido (medidor de amplitude ou modo osciloscópio), na escolha dos amplificadores, na calibração do medidor e na definição dos valores máximos aceitáveis de DP. Após estes passos, o instrumento está pronto para iniciar o ensaio [63]. A Figura 76 b mostra o interrutor de seleção do canal TE. A sua utilização é necessária porque a medição é efectuada nas três fases do transformador, mas cada fase é analisada separadamente.

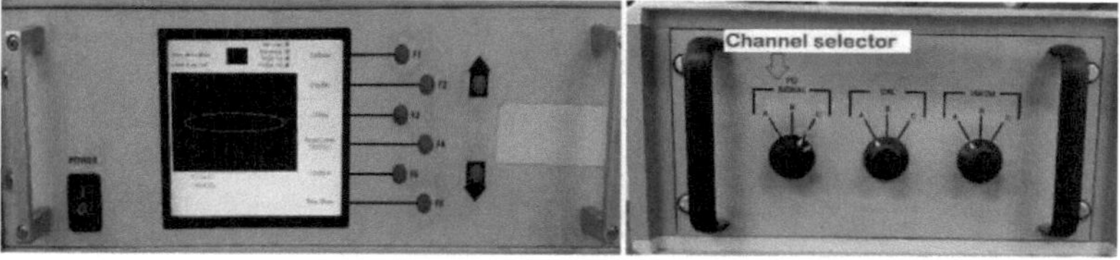

a b
Figura 76 - a) Contador TE - b) Seletor de canais de medição

4.4.2 Impedância de medição

A impedância de medição indicada na figura 77 está ligada ao medidor TE por um cabo coaxial com impedâncias combinadas de 50 **Q**. O cabo coaxial foi utilizado para medir a impedância do transformador. No ensaio efectuado, o transformador tinha casquilhos capacitivos que foram utilizados como condensador de acoplamento, pelo que não foi necessário um condensador externo. A impedância de medição é ligada através do bypass capacitivo da derivação (tap). A configuração utilizada é idêntica à apresentada na figura 13.

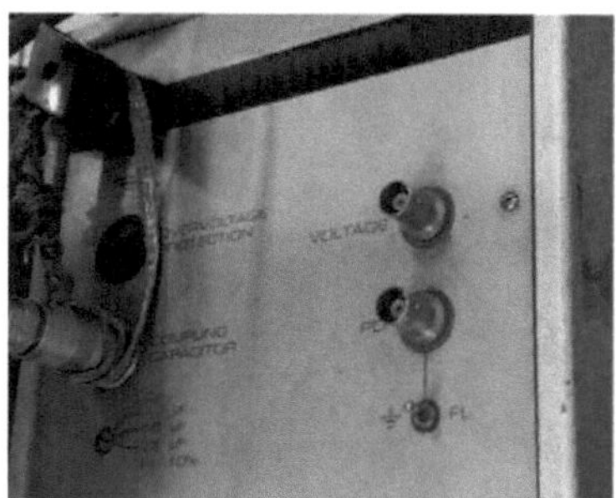

Figura 21 - Impedância de medição

4.4.3 Calibrador

Para a calibração, foi utilizado um calibrador externo de T4, mostrado na Figura **78a**. Os seus valores nominais de calibração são 10/100/1000/10000 pC. O calibrador é ligado em paralelo com o condensador de acoplamento, mas, na experiência, o condensador de acoplamento é a derivação capacitiva do próprio **transformador**. Por conseguinte, o calibrador é ligado em paralelo à tomada capacitiva. Esta ligação é mostrada na Figura **78b**.

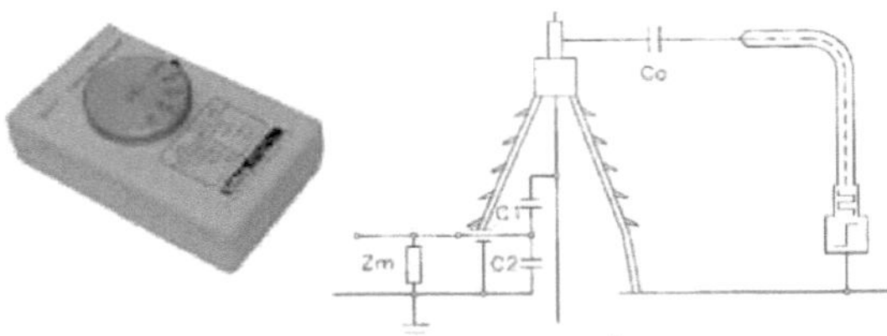

a b

Figura 78 - A) Calibrador - b) Circuito de calibração para contornar a tomada

4.4.4 Procedimento de ensaio

O ensaio foi efectuado num transformador trifásico com uma capacidade de 83 MVA e tensões de 245/69 / 13,8 kV. O transformador é apresentado na Figura 79. Para a realização do ensaio, o transformador foi alimentado no lado terciário (13,8 kV) por uma fonte de tensão com frequência de 240 Hz. De acordo com a NBR 5356-3 [37], a frequência deve estar entre 120 e 480 Hz para evitar a saturação do núcleo do transformador.

A medição foi efectuada na passagem do iniciador (245 kV). A figura 79 mostra as esferas metálicas colocadas nas cabeças dos casquilhos, o que equilibra o campo nesta zona e evita o aparecimento de PDs corona, que causariam interferências durante as medições.

Figura 79 - Transformador de 83 MVA ensaiado

De acordo com a norma NBR 5356-3 [37], os ensaios dos transformadores são realizados da seguinte forma:

- A fonte deve ser ligada com uma tensão inferior a um terço de 1,5 **Vn/VT** (em que Vn é a tensão máxima do dispositivo);
- A tensão é aumentada para 1,1 **Vn/V3** e mantida neste valor durante 5 minutos;
- A tensão é aumentada para 1,5 **Vn/V3** e mantida neste valor durante 5 minutos;
- A tensão é aumentada para 1,7 **Vn/V3** e mantida neste valor durante 30 segundos (este tempo de aplicação varia consoante a classe de tensão do dispositivo);
- Imediatamente após este tempo, a tensão é reduzida para 1,5 **Vn/V3** e mantida neste valor durante pelo menos 60 minutos (para transformadores com Vn <300 kV, a duração é de 30 minutos);
- foi baixado para 1,1 **Vn/V3** e mantido neste valor durante 5 minutos;
- Reduzido a um valor de tensão inferior a um terço de 1,5 **Vn/V3**, depois desativado.

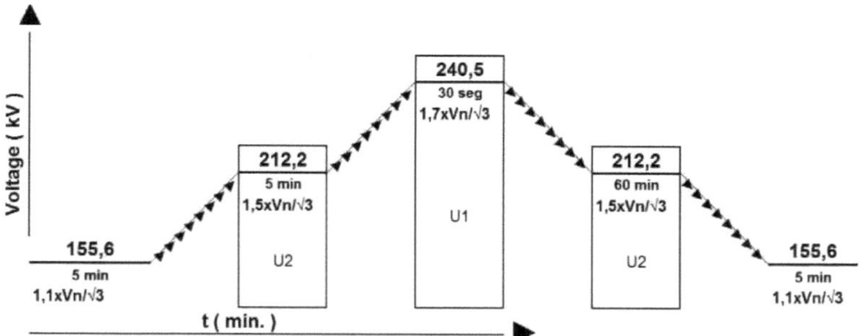

A figura 80 mostra a disposição dos tempos e das tensões aplicadas durante o ensaio.

Figura 80 - Amplitude e duração da aplicação da tensão de ensaio

Durante a aplicação da tensão de ensaio, os PDs devem ser monitorizados e o ruído ambiente não deve exceder 100 pC. O valor indicado de 100 pC a 1,1 **Vn/V3** é um valor indicativo para o ensaio. Seguem-se algumas considerações a ter em conta aquando da realização do ensaio.

- Antes e depois da aplicação da tensão de ensaio, o nível de ruído ambiente deve ser medido em todos os canais de medição;
- As variações de tensão podem ser detectadas quando a tensão sobe e desce até ao nível de ensaio. A carga aparente é medida a 1,1 **Vn/V3** ;
- A leitura TE deve ser efectuada durante a primeira aplicação de 1,5 **Vn/V3**. Nenhum

valor de carga aparente é medido para 1,1 **Vn/V3** ;

- Não é necessário efetuar observações durante o período de aplicação de 1,7 **Vn/V3** ;
- Durante a segunda fase da aplicação de 1,5 **Vn/V3**, a intensidade da DP deve ser observada continuamente e deve ser efectuada uma medição de 5 em 5 minutos.

O procedimento de controlo é considerado bem sucedido se :

- Não há descargas incómodas;
- A intensidade de DP não excede 300 pC durante o ensaio de longa duração a 1,5 Vn / **V3** ;
- O comportamento dos DPs não mostra uma tendência marcada para o crescimento a 1,5 **Vn/V3** (devem ser ignorados os picos de descarga ocasionais e insustentáveis);
- A capacidade de carga aparente não deve exceder 100 pC a 1,1 Vn / **V3**.

A tabela 4 mostra os valores de DP registados para o transformador em análise. Os valores de tensão da tabela são valores de fase medidos na passagem do primário. As medições foram realizadas dentro das faixas de tensão e intervalos de tempo descritos na NBR 5356-3 [37].

Como se pode ver na Tabela 4, o transformador não apresentou descargas parasitas, não se registaram TEs superiores aos especificados na norma, os níveis de ruído mantiveram-se dentro dos limites prescritos e não se observou uma tendência acentuada para o aumento. Por conseguinte, o dispositivo foi aprovado para os ensaios TE.

Tabela 4 - Medição de DP num transformador de 83 MVA

Teste Tensão (kV)	Tempo	H1	H2	H3	POTÊNCIA DO GERADOR (kV)
		LER A PARTE (pC)			
269,50	5 min.	15,4	17,6	34.8	16641/52A
367,50	5 min.	15,8	28,0	38,0	2225/72A
416,50	30 seg.	-	-	-	2528/82A
	5 min.	26,7	31,2	42,0	
	10 min.	22,6	27,6	37,8	
	15 min.	14,0	17,6	36,6	

	20 min. 14,8	16,8	37,1		
	25 min. 14,3	11.8	36,0		
	30 min. 14,0	18,6	36,6		
367,50	35 min. 13,0	12,5	36,6		
	40 min. 12,6	13,7	36,0		
	45 min. 16,0	13,0	37,0		
	50 min. 15,2	12,1	36,7		
	55 min. 16,0	12,3	37,1		
	60 minutos. 43,0	30,5	42,3		
269.50	5 min. 13,0	15.7	34.6		

CONCLUSÕES FINAIS E RECOMENDAÇÕES

O diagnóstico das instalações de alta tensão, nomeadamente dos transformadores de potência, tem vindo a ganhar importância ao longo dos anos. Neste trabalho, foram referidos vários métodos de diagnóstico de DP, que incidem sobre o transformador de potência imerso em óleo isolante. Destacam-se alguns métodos, como o método elétrico, a análise de gases dissolvidos (DGA) do óleo isolante por cromatografia e o método acústico (AE).

A deteção eléctrica é o método mais utilizado e é largamente utilizado para transformadores. No entanto, este método tem uma série de desvantagens, incluindo o facto de não ser possível identificar a fonte de DP e de o equipamento ter de ser desligado para efetuar as medições. No entanto, este método é ideal para os fabricantes de transformadores, uma vez que fornece ordens de grandeza de DPs e permite detetar quaisquer erros no processo de fabrico.

Por outro lado, tal como o método elétrico, o DGA não fornece qualquer informação sobre a localização da fonte de TE. O DGA tem uma baixa sensibilidade para a deteção de ET e requer uma concentração suficiente de gás para permitir uma identificação correta, pelo que pode não ser um método viável para as fontes de ET. Embora o método DGA seja amplamente utilizado pelas empresas brasileiras do sector da eletricidade, não permite tomar uma decisão fiável sobre o desmantelamento de um transformador.

Por último, o método EA pode ser utilizado para localizar a fonte de DV. Este método tem a vantagem de ser imune às interferências electromagnéticas, permitindo assim a monitorização em tempo real. A imunidade às interferências electromagnéticas não significa, no entanto, imunidade ao ruído mecânico, uma vez que as vibrações mecânicas no núcleo do transformador são as principais fontes de ruído acústico. No entanto, os padrões acústicos gerados pelos componentes do conversor são agora bem conhecidos, tais como a bomba de óleo e as vibrações, que podem ser facilmente identificados e separados aquando da realização da medição acústica. A EA é, portanto, mais adequada para testes de campo com transformadores em funcionamento. Acima de tudo, não requer registos de corrente ou tensão, nem a paragem do equipamento a medir.

Tendo em conta as vantagens e desvantagens de cada método, a solução ideal é utilizá-los em conjunto para obter um diagnóstico preciso do grau real de deterioração de um sistema de isolamento e tomar a decisão correta quanto à remoção ou não do aparelho.

O foco do trabalho foi o método elétrico. Foram efectuados estudos sobre os tipos de circuitos e configurações utilizados nas medições de DP. Em primeiro lugar, foi efectuada uma experiência em W1. Embora se tratasse de uma experiência simples, serviu para ilustrar as dificuldades associadas à medição de TE, tais como as interferências electromagnéticas, as interferências conduzidas e irradiadas, a escolha de uma fonte adequada sem TE, uma impedância adequada, o casamento de impedâncias, etc.

Na procura de uma visão industrial, algumas empresas permitiram que as suas rotinas de ensaio fossem mais longe. A primeira empresa foi a W2, e foram realizados testes de TDM. Embora a TDM não fosse o foco desta tese, os resultados destes testes foram de vital importância para a consolidação dos conceitos de medições de TE. Permitiu também o contacto direto com os equipamentos utilizados na indústria, as rotinas de ensaio, os procedimentos para uma medição correta e as dificuldades encontradas.

A segunda empresa foi a W5. Neste caso, o ensaio de DP foi realizado em um transformador trifásico de 245 kV e 83 MVA. A rotina de ensaio e os valores admissíveis de DP para este tipo estão definidos na NBR 5356-3. Diferentemente dos transformadores de corrente, que são medidos numa única fase, os transformadores trifásicos são medidos em três fases. Outro aspeto que diferencia os ensaios diz respeito à frequência da fonte. De acordo com a norma vigente, a fonte deve ter frequência entre 120 e 480 Hz, o que é necessário para garantir que o núcleo do transformador não seja saturado.

Para além destas empresas, foi realizado um estudo mais detalhado com o apoio da W3. Os ensaios foram efectuados em três células experimentais, cada uma representando um modelo específico de defeito do transformador. Foi também estudado um transformador trifásico de 13,8 kV e 500 kVA. O transformador encontrava-se em perfeito estado de funcionamento. Foi introduzido um defeito num dos enrolamentos de alta tensão para medir o TE. As medições PD das células e do transformador foram efectuadas com o PDCheck. Foram demonstrados alguns parâmetros do dispositivo de medição, como a ferramenta de separação de clusters, que divide o sinal em bandas de frequência para distinguir o ruído eletromagnético dos sinais PD.

A DV é um tema amplo e atual de importância vital para as instalações de alta tensão. Sobretudo para os transformadores de potência, porque o seu valor é mais elevado. Por isso, justifica-se a preocupação com o planeamento, a construção e a monitorização.

Este trabalho reúne questões relacionadas com a análise da ocorrência física da MP, as práticas dos produtores da região e as práticas levadas a cabo num centro de investigação do país.

Uma análise geral do assunto mostra que os conceitos já foram consolidados no domínio dos equipamentos. No entanto, a principal dificuldade reside no processo de medição. Por outras palavras, o tratamento dos sinais medidos, dado que os sinais TE têm os mesmos níveis que as perturbações electromagnéticas e que estas são praticamente inevitáveis se o ensaio não for realizado em laboratório.

Das muitas possibilidades existentes para a prossecução deste trabalho, o principal tema que foi considerado é um estudo direcionado para técnicas de processamento de sinal. Outra possibilidade diz respeito às técnicas de localização PD, tais como EA e UHF.

REFERÊNCIAS

[1] - KBAWAJA, R. H. ; ARIASTINA, W.G. ; BLACKBUM, T. R. "**Partial discharge behaviour in oil-imprägnated insulation**" ; In : INTERNATIONAL CONFERENCE ON PROPERTIES AND APPLICATIONS OF DIELECTRIC MATERIALS, 7. 2003, Nagoya, Jun. 2003.

[2] - LUNDGAARD, L.E.; POITTEVIN, J.; SCHMIDT, J.; ALLEN, D.; BLACKBURN, T.R.; BORSI, H.; FOULON, N.; FUHR, J.; HOSOKAWA, N.; JAMES, R.E.; KEMP, I.J.; LESAINT, O.; PHUNG, B.T. "**Partial discharges in transformer insulation**", Paris, Task force Franga, CIGRE. 2000.

[3] - HUAMAN CUENCA, W.; **Caracterizagao dos Sinais de Descargas Parciais em Equipamentos de Alta Tensao a Partir dos Modelos Experimentais**. Tese de Doutorado, Programa de Engenharia Eletrica, COPPE/UFRJ, Rio de Janeiro, RJ, 2005.

[4] - BARTNIKAS, R. ; "**Partial discharges their mechanism, detection and measurement**", IEEE Transactions on Dielectrics and Electrical Insulation, Québec, Canadá, v. 9, n. 5, Out. 2002.

[5] - LAZAREVICH, A. K. ; "**Deteção e localização de descargas parciais em transformadores de alta tensão utilizando um sensor ótico-acústico**"; 2003. Tese (Master of Science in Electrical Engineering) - Virginia Polytechnic Institute and State University, Blacksburg Virginia, USA, maio. 2003.

[6] - SCHWAB A.J.; "**Méthodes de mesure de la haute tension**"; Massachusetts Institute of Tecnology; tradução inglesa, 1972.

[7] - COLTMAN J. W. "**The History of the Transformator**" ; IEEE Industry Aplications Magazine - Jan. 2002.

[8] - DANIKAS, M. G., "**The Definitions Used for Partial Discharge Phenomena**"; IEEE Transactions on Electrical Insulation, v. 28, n. 6, pp. 1075-1081, 1993.

[9] - HUAMAN CUENCA, W.; "**Aplicagao de Sistemas Inteligentes no Reconhecimento de Padroes de PDs em Transformadores de Potencia**"; Tese de Mestrado, Programa de Engenharia Eletrica, COPPE/UFRJ, Rio de Janeiro, RJ, 1998.

[10] - NIEMAYER, L.; "**A generalized approach to partial discharge modeling**"; IEEE Transaction on Dielectrics and Electrical Insulation, v. 2 n. 4. Aug. 1995.

[11] - CAVALLINI, A.; MONTANARI, G.C.; CONTIN, A.; PULLETTI, F. "**A new approach to the diagnosis of solid insulation systems based on PD signal inference**"; IEEE Electrical Insulation Magazine, v. 19, p. 23-30, Mar.-Abr. 2003.

[12] - COMISSÃO ELECTROTÉCNICA INTERNACIONAL; "**IEC 60270: Técnicas de ensaio de alta tensão: Medição de descargas parciais**"; 3.

[13] - FRUTH, B. ; NIEMEYER, L. ; "**The importance of statistical of partial discharge characteristics data**" ; IEEE Transactions on Electrical Insulation, Baden, Switzerland, v.27, n. 1, Feb.1992.

[14] - PEDERSEN, A.; CHICHTON, G. C.; MCALLISTER, I. W.; "**The theory and measurement of partial discharge transients**"; IEEE Transactions on Electrical Insulation, Lyngby, Dinamarca, v. 26, n. 3, 1991.

[15] - Bartnicas R.; "**Engineering Dielectrics: Corona Measurement and Interpretation**"; Corona Discharge Processes in Voids Vol. I, Chapter 2, Philadelphia, ASTM, 1979.

[16] - Bartnicas R ; Engineering Dielectrics ; "**Electrical Insulation Liquids**" ; Vol.III, ASTM, USA, 1994.

[17] ª- SHADIKU M. N. O. ; **Elementos de eletromagnetismo** 3 edigao ; Apendice B ; tabela B.2 pg 661.

[18] - Fawwaz T. U. ; **Eletromagnetismo para Engenheiros** ; Bookman, 2007 ; pg 102.

[21] - SAMPA, D. C. ; **Estimagao dos sinais eletricos das descargas parciais atraves da desconvolugao dos sinais acusticos gerados por estes**. Tese (Mestrado) - Programas de Pos Graduacao em Engenharia Eletrica da Universidade Federal de Itajuba, Itajuba. 2013.

[22] - DONALD, C. ; LUX, A ; "**On-line monitoring of power transformers and components: a review of key parameters**" ; In : ELECTRICAL INSULATION CONFERENCE AND ELECTRICAL MANUFACTURING & COIL WINDING, f. 669-675, Cinccinat, EUA, 1999.

[23] - CAVALLINI, A. ; MONTANARI, G.C. ; PULLETTI, F. ; CONTIN, A ; "**A new methodology for the identification of PD in electrical apparatus: properties and applications**" ; IEEE Transactions Dielectrics and Electrical Insulation, v. 12, f. 203-215, Apr. 2005.

[24] - HARROLD, R. T. Teoria acústica aplicada à física da rutura eléctrica em dieléctricos. "**IEEE Transactions on Electrical Insulation**"; v. E1-21, n.5, Out. 1986.

[25] - KUNDU, P. ; KISHORE, N. K. ; SINHA, A. K. ; "**Simulation and analysis of acoustic wave propagation due to partial discharge activity**" ; In : ANNUAL REPORT CONFERENCE ON ELECTRICAL INSULATION AND DIELECTRIC PHENOMENA, Kansas City, USA, oct. 2006.

[19] - INSTITUTO DE ENGENHEIROS ELÉCTRICOS E ELECTRÓNICOS. IEEE : "**Guia para a deteção e localização de emissões acústicas de descargas parciais em transformadores de potência e reactores imersos em óleo**" ; n. Std C57.127™, 2007

[26] - COLE, P. T. ; "**Locating partial discharges and diagnosing power transformers using acoustic methods**" In : IEEE CONFERENCE - DIAGNOSTIC METHODS FOR POWER TRANSFORMERS, Londres, 1997.

[27] - AZEVEDO , C. H. B. ; **Metodologia para a eficacia da detecgao de descargas parciais por emissao acustica como tecnica preditiva de manutengao em transformadores de potencia imersos em oleo isolante**. 2009. 90 f. Tese (Mestrado) - Programa de Pos-Graduagao da Escola de Engenharia Eletrica e de Computagao da Universidade Federal de Goias/UFG.

[28] - ELEFTHERION, P. M. ; Descarga parcial XXI : emissão acústica : localização da fonte de DP baseada em transformadores. "**IEEE Transactions on Dielectrics and Electrical Insulation**"; v.11, USA, 1995.

[29] - ASSOCIAQAO BRASILEIRA DE NORMAS TECNICAS; NBR 6940: **Tecnicas de ensaios eletricos de alta tensao: medicao de descargas parciais.** Rio de Janeiro, 1981.

[30] - MYERS, S. D. ; KELLY, J.J. ; PERRISH, R.H. ; "**A guide to transformer maintenance**" ; 1ª ed. Akron : S.D. Inc, 1981

[31] - ASSOCIAQAO BRASILEIRA DE NORMAS TECNICAS NBR-7274; **Interpretagao da analise dos gases de transformadores em servigo**. Rio de Janeiro, 2012.

[32] - CAVALLINI, A. ; MONTANARI, G.C. ; CIANI, F. ; "**Diagnóstico de transformadores MAT e AT utilizando uma técnica inovadora: perspectivas para a gestão de activos**" ; In : **IEEE-INTERNATIONAL** SYMPOSIUM. 2008 Vancouver, Canadá. Registo da Conferência de 2008. Jun, 2008. p. 287-290.

[33] - H. HAMA; S. OKABE; M. HANAI; T. ROKUNOHE ; H. OKUBO e M. NAGAO ; "**Técnicas avançadas de monitorização e diagnóstico no local para comutadores isolados a gás**" ; CIGRE, D1-203, 2008.

[34] - M. YOSHIDA; H. KOJIMA; N. HAYAKAWA ; F. ENDO ; H. OKUBO ; "**Evaluation of**

UHF Method for Partial Discharge Measurement by Simultaneous Observation of UHF Signal and Current Pulse Waveforms" ; IEEE Transactions on Dielectrics and Electrical Insulation, v.18, No. 2, Nagoya University,Japan, 2011.

[35] - M. D. JUDD; "**Experience with UHF partial discharge detection and location in power transformers**" (**Experiência com a deteção e localização de descargas parciais UHF em transformadores de potência**); Conferência de Isolamento Elétrico do IEEE, Annapolis, Maryland, 5-8 de junho de 2011.

[36] - S. COENEN; S. TENBOHLEN;" **Location of PD Sources in Power Transformers by UHF and Acoustic**"; IEEE Transactions on Dielectrics and Electrical Insulation, Vol. 19, No. 6; dezembro de 2012.

[37] - A. SANTOSH KUMAR; R. GUPTA; K. UDAYAKUMAR; A. VENKATASAMI ; "**Online Partial Discharge Detection and Location Techniques for Condition Monitoring of Power Transformers: A Review**" ; International Conference on Condition Monitoring and Diagnosis, Beijing, China, April 21-24, 2008.

[38] - ASSOCIAQAO BRASILEIRA DE NORMAS TECNICAS; NBR 5356-3/2007; **Transformadores de poencia. Parte 3: Nrveis de isolamento, ensaios dieletricos e espagamentos externos em ar**; Rio de Janeiro, 2007.

[39] - KUFFEL, E.; ZAENGL,W.S.; KUFFEL, J. "**High voltage engineering: fundamentals**"; 2ª ed. Oxford: Newnws, 2006.

[40] - A. ZEESHAN; "**Analysis of Partial Discharge in OIP Bushing Models**"; Kungliga Tekniska Hogskolan; Engenharia Eletrotécnica, Estocolmo, Suécia 2011.

[20] - NATTRASS, D. A. ; "**Partial Discharge Measurement and Interpretation**" ; IEEE Electrical Insulation Magazine, MaylJune 1988-Vol. 4, No. 3.

[41] - PIAZZA, F; **Ensaios de Piazza**. Departamento da Engenharia Eletrica da UFPR, 2012. Dispomvel em: <http://www.eletrica.ufpr.br/piazza/ensaios/meddp1.pdf>. Acesso em : 04 set. 2013.

[42] - SANCHES, D.; **Interferencia Eletromagnetica em Sistemas Eletronicos;** 2003; Primeira edicao.

[43] - DINIZ, F. C. B.; **Supressao de rrndo, detecgao e classificagao de sinais de descargas parciais em transformadores de potencia**. 2005. 173 f. Tese (Mestrado) - Programas de Pos

Graduacao de Engenharia da Universidade Federal do Rio de Janeiro, Rio de Janeiro. 2005.

[44] - S. Sriram, S. Nitin, K. M. M. Prabhu, M. J. Bastiaans ; "**Signal denoising techniques for partial discharge measurement**" ; IEEE Transactions on Dielectrics and Electrical Insulation ; Vol. 12, No. 6 ; December, 2005.

[45] - SANCHES I. J.; **Compressao sem perdas de projegoes de tomografia computadorizada usando a transformada Wavelet**. Tese de Mestrado, Curso de Pos-Graduacao em Informatica, Setor de Ciencias Exatas; Universidade Federal do Parana, UFPR, Curitiba, 2001.

[46] [a]- OPPENHEIM,A,V ; WILLSKY A.S. ; **Sinais e sistemas** ; 2 edicao ; Massachusetts Institute of Tecnology ; Pearson Education ; Sao Paulo. 2010.

[47] - MOTA H. O. ; **Processamento de sinais de descargas parciais em tempo real com base em wavelet e seleo de coeficientes adaptativa espacialmete** ; Tese de Doutorado, Programa de Pos-Graduagao em Engenharia Eletrica da Escola de Engenharia da Universidade Federal de Minas Gerais, UFMG, Minas Gerais, 2011.

[48] - C.S. Burrus, R. A. Gopinath, H. Guo; "**Introduction to wavelets and wavelet transforms**"; New Jersey: Prentice Hall, 1998.

[49] - VELOSO G.F.C. ; SILVA L.E.B. ; NORONHA I. ; TORRES G. L. ; **Detecgao de descargas parciais em trasformadores de potencia utilizando transformada wavelet** ; VIII Conferencia Internacioal de Aplicagoes Industriais, Pogos de Caldas ; agosto 2008.

[50] - D.L. Donoho; "**De-noising by soft-thresholding**"; IEEE Transactions on Information Theory, vol. 41, no. 3, pp. 613- 627, maio de 1995.

[51] - X. Ma, C. Zhou, I.J. Kemp; "**Automated wavelet selection and thresholding for partial discharge detection**"; IEEE Electrical Insulation Magazine, vol. 18, no. 2, abril de 2002.

[52] - I. Shim, J.J. Soraghan, W. H. Siew; "**Detection of pd utilizing digital signal processing methods part 3: open-loop noise reduction**"; IEEE Electrical Insulation Magazine, vol. 17, no. 1, pp. 06-13, janeiro/fevereiro de 2001.

[53] - CRUZ M. C. S ; **Localizagao de faltas em linhas de transmissao de multiplos terminais a partir de registros oscilograficos sincronizados via transformada wavelet**. Tese de Mestrado, Programa de Pos-Graduacao em Engenharia Eletrica da Universidade Federal do Rio Grande do Norte, UFRN, Natal, RN, 2010.

[54] - D. SINGH ; D. KAUR ; Y. SINGH; "**Condition Monitoring Leading to Control by Using Fuzzy and Hybrid Fuzzy Models: A Review**"; International Journal of Engineering and Advanced Technology (IJEAT); ISSN: 2249 - 8958, Volume-2, Issue-2, dezembro de 2012.

[55] - D. SINGH; K. DALVEER ; Y. SINGH; Jornal Internacional de Engenharia e Tecnologia Avançada (IJEAT) "**Monitorização da Condição Conduzindo ao Controlo através da Utilização de Modelos Fuzzy e Fuzzy Híbridos: Uma Revisão**"; Volume-2, Edição-2, dezembro de 2012.

[56] - B. T. PHUNG ; T. R. BLACKBURN ; R.E. JAMES ; "**Recognition of partial discharge using Fuzzy logic**" ; International Symposium on Electrical Insulating. Toyohashi, Japão, 27-30 de setembro de 1998.

[57] - DINIZ, P. S. R.; "**Adaptive Filtering Algorithms and Practical Implementation**"; Kluwer Academic Publishers. 2002; terceira edição.

[58] - BANCROFT J. C.; "**Introduction to matched filters**"; CREWES Research Report, Volume 14, 2002.

[59] - OMICRON ; "**Partial Discharge Measuring System for Routine Test Applications**" ; dispomvel em < https://www.omicron.at/fileadmin/user_upload/pdf/literature/MPD-500- Brochure-ENU. pdf> Acessado em 11/09/2013.

[60] - CHESF, ET-DSE-685; "**Especificagoes tecnicas transformadores de corrente 500 kV, 230 kV, 138 kV e 69 kV**"; novembro 2011.

[61] - Techimp PDCheck; "**Partial Discharge Monitoring Global Diagnostic System**"; disponível em < https://www.techimp.com/docs/PDCheck-Brochure-eng.pdf. pdf> Acessado em 08/10/2013.

[62] - TECHIMP; "**Parte I: Fundamentos do diagnóstico - Descargas parciais: Física, medição e análise**".

[63] - DDX-9101 ; "**Partial Discharge Detetor**" ; disponível em < http://www.haefely.com /pdf/LL_DDX9101_1207_RK.pdf> Acessado em 15/10/2013.

yes
I want morebooks!

Buy your books fast and straightforward online - at one of world's fastest growing online book stores! Environmentally sound due to Print-on-Demand technologies.

Buy your books online at
www.morebooks.shop

Compre os seus livros mais rápido e diretamente na internet, em uma das livrarias on-line com o maior crescimento no mundo! Produção que protege o meio ambiente através das tecnologias de impressão sob demanda.

Compre os seus livros on-line em
www.morebooks.shop

info@omniscriptum.com
www.omniscriptum.com

Printed by Books on Demand GmbH, Norderstedt / Germany